优质冬小麦
生产与病虫草害防治

◎朱金英　裴艳婷　赵文路　主编

中国农业科学技术出版社

图书在版编目（CIP）数据

优质冬小麦生产与病虫草害防治 / 朱金英，裴艳婷，赵文路主编. --北京：中国农业
科学技术出版社，2021.6

ISBN 978-7-5116-5366-6

Ⅰ.①优… Ⅱ.①朱… ②裴… ③赵… Ⅲ.①冬小麦—栽培技术 ②冬小麦—病虫害防治
Ⅳ.①S512.1 ②S435.12

中国版本图书馆 CIP 数据核字（2021）第 112985 号

责任编辑　李　华　崔改泵
责任校对　马广洋
责任印制　姜义伟　王思文

出 版 者　中国农业科学技术出版社
　　　　　北京市中关村南大街12号　　邮编：100081
电　　话　（010）82109708（编辑室）（010）82109702（发行部）
　　　　　（010）82109709（读者服务部）
传　　真　（010）82106650
网　　址　http：// www.CASTP.cn
经 销 者　各地新华书店
印 刷 者　北京建宏印刷有限公司
开　　本　185mm×260mm　1/16
印　　张　12.75
字　　数　264千字
版　　次　2021年6月第1版　　2021年6月第1次印刷
定　　价　68.00元

《优质冬小麦生产与病虫草害防治》

编委会

前　言

　　民以食为天，小麦是我国重要的粮食作物和食品工业原料。在我国，小麦约占粮食总产量的27%，是我国三大粮食作物之一，小麦产业发展直接关系到国家粮食安全和食品工业的发展。近年来，随着我国社会经济的发展与农业供给侧结构性改革的深入，小麦的需求已由数量型向质量型转变，科学合理发展优质小麦、提升小麦品质，对解决我国小麦粮食库存压力、满足消费需求、促进农民增收，都具有重要意义。黄淮冬麦区主要包括河北中南部、山东全省、河南大部、江苏和安徽淮河以北以及山西南部、陕西中部等地。黄淮冬麦区由于其特殊的地理环境，一直是我国小麦的主产地区，作为重要的商品粮生产基地，黄淮麦区常年小麦种植面积在1 530万hm²左右，占全国的58%左右，其总产量约占全国的67%，对保证小麦的稳定生产意义重大。

　　本书重点介绍了黄淮冬麦区优质冬小麦的生产与病虫草害、自然灾害及药害防治的基础知识，共分九章，包括概述、小麦的播前准备、小麦播种、麦田管理、小麦病害及防治、小麦虫害及防治、小麦草害及防治、小麦灾害及防治等。本书文字通俗易懂，内容较为全面，实用性与可操作性强，可供广大农民、新型农业经营主体负责人和农业技术人员参考。本书在成书过程中，引用了散见于国内报刊上的部分文献资料，因体例限制，难以一一列举，在此谨对原作者表示诚挚谢意。本书在撰写过程中，德州市农业科学研究院韩双、韩冰、王友平、高凤菊，邯郸市农业科学院谢淑芹、肖磊、李平，山东省农业科学院经济作物研究所高春华，山东省农业科学院作物研究所李华伟，山东省农业科学院农作物种质资源研究所李娜娜以及山东省农业科学院作物研究所优质专用小麦栽培生理研究课题组等付出了艰辛的劳动，在此表示衷心的感谢！

　　由于作者水平有限，又因时间、人力和资料等的限制，书中难免有错误或遗漏之处，希望读者能把问题和意见随时告知，以便今后修正补充。

编　者
2021年5月

目　录

第一章 概　述

第一节　中国小麦生产发展概况与优势区的形成

小麦（*Triticum astivum* L.）是禾本科单子叶植物，是一种适应性强、分布广泛的世界性粮食作物，为人类提供了约21%的食物热量与20%的蛋白质。据FAO资料，2014—2016年全球平均种植面积、单产和总产分别为2.2亿hm^2、3 323kg/hm^2和7.38亿t。小麦营养价值高，由于其独特的面筋特性，可用于多种食品的制作，成为全球35%~40%人口的主食，同时也是最重要的贸易粮食与国际援助粮食。

中国是世界上小麦的重要生产国，占世界的17%，同时，中国也是世界小麦的消费国，占世界的16%。作为重要的粮食作物、人民重要的口粮消费作物、国家主要商品粮和重要战略物资储备品种，小麦供给不仅保障了人民生活，也影响着国家粮食安全战略。中国的小麦栽培与发展已有四五千年的历史，在明代小麦已遍布全国，在粮食生产中占据重要地位。

一、中国小麦生产发展概况

（一）中国小麦播种面积变化

随着我国社会经济的不断发展，小麦作为重要的粮食作物，其生产也发生了重要变化。1978—1997年我国小麦播种面积较为稳定，常年保持在3 000万hm^2左右；1998年以来，受粮价持续下跌、效益连年下滑、种植业结构调整、退耕还林还草与粮食市场全面开放等因素影响，小麦播种面积大幅减少；2003年全国小麦种植面积下降到2 199.6万hm^2；自2004年以来，随着国家对小麦生产的补贴加大，小麦的产量和播种面积逐年回升，现常年保持在2 400万hm^2左右。

（二）中国小麦单产变化

1978年以来的40余年间，我国小麦的总产量从1978年的5 384万t提高到2019年的13 106万t，增长了142.42%，小麦单产从1978年的1 840kg/hm²提高到2017年的5 702kg/hm²，增长了209.89%。目前品种的增产潜力已经具备，据农业部小麦产业技术体系调查，2010年，山东省有15个品种亩*产超700kg，河南郑麦7698亩产725.2kg，四川川麦42亩产710.7kg，青海绵杂麦168亩产774.8kg。

新品种的推广、栽培技术的改进、水利设施的改善、增施化肥、机械化的普及、病虫害的科学防治、联产承包责任制的实施以及有利的粮食生产政策的实施等，都在小麦单产提高中发挥了重要作用。

（三）中国小麦品种改良进程

中华人民共和国成立以来，我国小麦品种选育和推广工作成效卓著，先后选育大批优良品种，其中种植面积以千万亩计的品种就有60余个。从全国范围来看，我国小麦品种经历6～9次的更新换代，每次品种更新都能使小麦增产10%左右。20世纪50年代早期，小麦品种类型以地方品种为主，地方品种播种面积占80%以上，代表品种有齐大195、徐州438、蚰子麦、蚂蚱麦等；20世纪50年代中期，代表品种有山东205、南大2419、碧玛1号、甘肃96等；20世纪60年代早期，育成抗锈病品种和早熟品种，同期开始引入半矮秆与矮秆基因小麦，代表品种有济南2号、北京8号、扬麦1号、内乡5号、石家庄54等；20世纪70年代早期，育成推广了一批增产潜力更大且抗锈病的品种，如丰产3号、泰山1号、济南9号、博爱7023等；20世纪80—90年代，育成了一系列高产、多抗、广适的小麦品种，如鲁麦系列、济麦系列、绵阳系列、百农3217等；20世纪90年代以后，育种方向在兼顾高产的同时，逐渐向抗性、优质发展。

（四）中国小麦品质的发展

中国小麦生产在过去40年间，主要追求产量，取得了巨大的成绩，保证了国家口粮安全，但低品质的小麦所占比例较高，优质小麦数量较少，随着人民生活水平的提高，原有的小麦品质类型渐渐不能完全满足市场需求，结构性的供需失衡越来越严重。我国现育成的大多数小麦品种仅适用于家庭食用，不适合制作生产面包和蛋糕，也不能满足工业生产优质面食产品的需求。

---

* 1亩≈667m²，15亩=1hm²，全书同。

二、中国小麦优势区的形成

中国小麦分布极为广泛，由于各地气候条件差异、土壤类型不同、种植制度各异、适宜的小麦品种类型有别，生产水平和管理技术也存在差异，因而形成了明显的自然种植区域。我国种植区域划分为4个主区，10个亚区，即北方冬（秋播）麦区，包括北部冬（秋播）麦区和黄淮冬（秋播）麦区两个亚区；南方冬（秋播）麦区，包括长江中下游冬（秋播）麦区、西南冬（秋播）麦区和华南冬（晚秋播）麦区3个亚区；春（播）麦区，包括东北春（播）麦区、北部春（播）麦区和西北春（播）麦区3个亚区；冬、春兼播麦区，包括新疆冬、春兼播麦区和青藏春、冬兼播麦区两个亚区。近年来，小麦主产区集中到黄淮麦区（约占总产70%）和长江中下游麦区，尤其是向河南、山东和河北的集中趋势越来越明显。2015年底，小麦优势区的播种总面积约为2 120万hm^2，总产量为10 523万t，同时优质率达到85%以上。

（一）黄淮麦区的形成

黄淮地区一般是指黄河下游和淮河流域的北部，主要范围是黄河至淮河间所含的河南、山东、安徽、江苏4省的部分地区。黄淮麦区同时是我国秋播冬小麦的主产区，在黄淮麦区，小麦营养生长阶段和穗分化时间较长，既有利于小麦的分蘖成穗，也有利于小麦长时间进行穗分化，对于小麦的高产优质栽培有重要意义。黄淮麦区作为中国最大的小麦种植区域，其小麦种植面积年均约1 530万hm^2，同时也是小麦最主要的生产区域，年均总产量约7.40×10^{6}t，占到全国小麦总产量的67.6%。因此，黄淮麦区保证着中国小麦的安全、稳定生产，地位极其重要。

在黄淮地区，每年河南省小麦播种面积就有570万hm^2，山东省小麦播种面积400万hm^2，安徽省小麦播种面积245hm^2，河北省小麦播种面积220万hm^2，江苏省小麦播种面积205hm^2。随着小麦生产条件的改善与品种选育水平的提高，尤其是小麦矮化新品种的应用，小麦产量水平大幅度提高，成为我国小麦的高产主产区。

（二）黄淮麦区小麦品种的改良

近60年来，黄淮麦区的小麦品种经历了7~8次更新换代，初期演变历程与全国相似，后期品种改良方向受品种需求、生产方式改变和地方育种单位发展等因素影响，逐渐形成区域特色化。在20世纪50年代早期，黄淮麦区各地小麦品种依旧是以地方品种、自选种为主；20世纪50年代中后期，黄淮区小麦条锈病严重影响小麦生产，部分改良品种锈病抗性有所增强，产量有所提高；20世纪60年代，引进小麦资源解决了条锈病抗性的问题，但该区域小麦产量仍不足750kg/hm²；20世纪70年代，高产潜力和锈病高抗型的小麦品种成为主流，该时期小麦单产已经比20世纪60年代翻了1倍，超过1 500kg/hm²；20世纪80年代，半矮秆品种与1B/1R异位系的选育，显著提高了抗倒性能，到20世纪80年代末期，该区域小麦平均单产已超过3 750kg/hm²；20世纪90年代，由于肥水和种植密度的增加，导致了纹枯病、叶枯病、白粉病等病害严重，此时多抗性成为品种改良的新方向，小麦单产提高到了4 500～5 250kg/hm²；从21世纪开始，综合考量优质、高产、高效低耗成为小麦品种新要求，河南、山东、安徽等各主产省份麦作改良机构育成一批又一批小麦新品种并推广种植，出现了百花齐放的局面。黄淮麦区各年代具有代表性的小麦品种如下。

20世纪50年代主栽品种：蝴子麦、蚂蚱麦、平原50、商丘葫芦头、徐州438、齐大195、碧玛1号、碧玛4号、西农6028、石家庄407、南大2419等。

20世纪60年代主栽品种：济南2号、北京8号、石家庄54、内乡5号、阿夫、阿勃、郑州15、郑州24、陕农1号、陕农9号、西北612、石家庄52、徐州8号等。

20世纪70年代主栽品种：泰山1号、丰产3号、博爱7023、郑引1号、徐州14、济南8号、济南9号、泰山4号、郑州863、蚰包麦、北京10号、矮丰3号等。

20世纪80年代主栽品种：百农3217、济南13、山农辐63、豫麦2号、鲁麦1号、鲁麦5号、鲁麦7号、鲁麦8号、冀麦23、冀麦24、冀麦26、博爱7422、晋麦21、小偃6号、西安8号、济麦3号、济麦7号等。

20世纪90年代主栽品种：冀麦30、鲁麦14、鲁麦15、豫麦13、豫麦18、豫麦121、豫麦25、豫麦29、豫麦41、陕安229、晋麦31、晋麦33、徐州21、皖麦19等。

2000年以后的主栽品种：烟农19、济麦22、烟农21、百农、矮抗58、西农979、郑麦366、郑麦9023、兰考198、周麦22、周麦27、邯6172、皖麦52、新麦26、石麦125、洛麦23、鲁原502、山农20、良星66、良星99、中麦895等。

（三）黄海麦区优质小麦生产情况

河南省8个县开展以专种、专管、专收、专运、专贮、专用为目标试点，其中延津县、浚县、滑县、内黄县、濮阳县重点发展优质专用强筋小麦，品种以郑麦366和新麦26为主；淮滨县、息县重点发展优质专用弱筋小麦，品种为扬麦15；永城市重点发展富硒小麦。8个试点县共建立示范基地15.3万hm²，带动其他区域种植优质专用小麦24.7万hm²，全省共种植优质专用小麦40万hm²。河北省强筋小麦推广面积在6.67万～13.33万hm²，集中于石家庄藁城区和邢台北部，主要品种为师栾02-1和藁优2018，其中藁城区强筋小麦实际种植面积达2.67万hm²，占全区小麦总播种面积的80%。山东省强筋小麦推广面积在6.67万hm²以上，集中于济宁市、邹平市、德州市，品种为济麦17。其中德州平原县强筋小麦实际种植面积达1.33万hm²，占全县总播种面积的25%；济宁市强筋小麦实际面积2.13万hm²，占全市总播种面积的6%。

第二节　中国优质小麦的发展

近年来，随着我国社会经济的发展和农业供给侧结构性改革的深入，小麦需求已由数量型向质量型转变，为了解决我国小麦粮食库存压力、满足消费需求、促进农民增收，急需科学合理发展优质小麦，提升小麦品质。

一、优质专用小麦的概念

优质小麦是由多因素构成的综合概念，由于小麦面粉用途不同，对其品质的要求也就会各有差异。总体来说，小麦品质主要取决于小麦籽粒所固有的物理性状和化学成分以及在加工过程中所表现出来的一系列物化性能。实际生活当中通常所指的小麦品质，一般包括营养品质与加工品质两方面的内容。面粉生产企业一般比较注重小麦流变学特征和加工品质；营养学家则注重小麦的营养，如蛋白质含量和氨基酸的组成平衡；生产者则更注重小麦的高产稳定性与品种抗病抗逆性。目前，各行业人士共同接受的小麦品质评价指标主要为小麦容重、湿面筋含量与质量；收贮企业的评价指标则为籽粒蛋白、稳定时间与湿面筋含量。不同指标下的小麦可以加工出强筋和弱筋面粉。目前优质专用小麦大体分为3类。

1. 强筋小麦

蛋白质含量高，籽粒质硬，面筋度强，延伸性好，面团稳定时间长，适于生产面包粉和搭配生产其他专用粉的小麦。

2. 中筋小麦

蛋白质含量和面筋强度中等，籽粒硬质或半硬质，延伸性较好，适于制作面条或馒头的小麦。

3. 弱筋小麦

蛋白质含量低，籽粒质软，面筋强度弱，稳定时间短，延伸性较好，适于制作饼干、糕点等烘制食品的小麦。

二、中国小麦品质现状

近年来我国粮库大量存积小麦多为农民交售的一般小麦和混合型小麦，形成了一方面普通小麦积压，另一方面还要进口专用小麦的局面。目前，与进口小麦比较，国产麦的差距主要是面筋值不够，稳定时间较短、膨胀系数较小、色味欠缺。具体到品种上，表现为硬麦不硬，软麦不软，难以符合国内小麦加工品种的需求。

一是小麦品种的籽粒性状、磨粉品质、面团流变学特性及食品加工品质的变异范围大，品质类型多。主要是由于我国小麦育种一直以产量为主要目标，忽视了对品质性状的选择，因而，我国小麦品种就品质性状而言，如同一个未经选择的混合群体，各种类型都有可能出现。

二是缺乏适用于制作优质面包的硬质、高蛋白、强筋型小麦与适用于制作优质饼干、糕点的软质、低蛋白、弱筋型小麦，中间类型较多。总体而言，我国小麦的蛋白质含量并不算低（14.2%，干基），但面筋质量差，形成时间（2.4min）和稳定时间（3.4min）短，最大抗延阻力（268E.U.）、延伸性（16.9cm）和图谱面积（63.5cm^2）小，因而烘烤的面包体积小，质地差。按软质麦的品质要求，现有品种则蛋白质含量过高，不适宜饼干糕点的制作。多数小麦品种适合手工制作馒头和面条，但由于不耐快速搅拌，不适合制作机器馒头和面条。为了提高我国小麦加工馒头和面条的品质，应该改进现有品种的面筋质量，适当延长其面团形成时间与稳定时间，提高面团延展性，并改善有关淀粉特性。针对适宜加工饼干、糕点的软质小麦的要求，则要降低其蛋白质含量与面筋强度；对于烘烤优质面包的硬质小麦来说，则更要注意延长面团形成时间、稳定时间和延展性，并注意提高蛋白质含量。

三是磨粉品质亟待改良。现有小麦品种的出粉率与面粉颜色差异较大，育种者只在考种时选择籽粒饱满度和容重，未将出粉率和面粉灰分等列入选择目标。馒头、面条、水饺等我国各地的传统食品，对面粉白度的要求高于面包与饼干、糕点，而现有品种的面粉和面团颜色较差，为迎合消费者需要，面粉厂普遍使用添加剂，导致我国有60%的面粉增白剂超标，对此，我国小麦品种急需在出粉率及面粉色泽上改良提高。

四是现行的小麦品质分类与分级标准落后，仅以籽粒颜色作为分类的依据，以角质率和容重作为定级的主要指标。生产上小麦品种数目繁多，面积超过10万亩的就有300多个，农户经营规模小，管理水平参差不齐，造成品质一致性很差。运行机制也很混乱，一般采取混收、混运、混贮，这不仅导致小麦质量差，而且对品质稳定性影响很大，给加工利用带来很大困难。

三、中国对优质小麦的需求

随着国家对食品安全的重视程度与人民生活水平的逐年提高，高质量、多品种的面制食品需求日益增大，另外，由于居民面食消费习惯由购买面粉自制，向外购成品面食的转变，致使面粉加工企业对优质麦需求不断增大，我国专用粉产量稳中趋增。目前，我国每年都要从国外进口300万t左右优质小麦，加上国内生产的强筋小麦与弱筋小麦，估计每年我国对优质小麦的消费量在1 000万t左右。我国进口的强筋小麦品种主要有美国的硬红春麦（DNS）、加拿大的红皮春小麦（CWRS）和澳大利亚的硬麦（APH、AH）；进口的弱筋小麦品种有澳大利亚的标准白麦（ASW）与美国的软红冬（SRW）。

四、中国小麦品质区划

优质小麦生产需要一定的条件，首先，优质小麦需要生态适宜区，只有在适宜的环境中栽培，才能保持优良且稳定的品质；其次，优质小麦需要规模生产，防止混杂，同时要求区域产业化种植。

根据气候、土壤、耕作制度、栽培措施等环境条件，将我国小麦产区初步划分为三大品质主区域和10个亚区。

北方强筋、中筋白粒冬麦区，包括华北北部强筋麦区（主要包括北京、天津和冀东、冀中地区），黄淮北部强筋、中筋麦区（主要包括河北中南部、河南黄河以北地区和山东西北部、中部及胶东地区，还有山西中南部、陕西关中和甘肃的天水平凉等地区），黄淮南部中筋麦区（主要包括河南中部、山东南部、江苏和安徽北部等地区，是黄淮麦区与南方冬麦区的过渡地带）3个亚区。

南方中筋、弱筋红粒冬麦区，包括长江中下游麦区（包括江苏、安徽两省淮河以南、湖北大部及河南省的南部），四川盆地麦区（分为盆西平原和丘陵山地麦区），云贵高原麦区（包括四川省西南部、贵州全省及云南的大部分地区）3个亚区。

中筋、强筋红粒春麦区，包括东北强筋、中筋红粒春麦区（包括黑龙江北部、东部和内蒙古大兴安岭地区），北部中筋红粒春麦区（主要包括内蒙古东部、辽河平原、吉林西北部，还包括河北、山西、陕西的春麦区），西北强筋、中筋春麦区（包括甘肃中西部、宁夏全部以及新疆麦区），青藏高原春麦区（包括青海和西藏的春麦区）4个亚区。

五、当前中国优质专用小麦生产存在的主要问题

（一）适宜品种稀缺

一直以来，我国小麦育种存在着重数量、轻质量的问题，对优质专用小麦品种的选育重视度不够、科研投入不足、市场导向不强，导致适宜品种匮乏，农民可选的范围窄。例如，河南作为小麦大省，不少品种要从外地引进，存在区域适应性的问题，部分区域种出来的优质小麦质量指标甚至不达标。

（二）生产技术要求高

强筋小麦大多是弱春性或春性品种，抗冻能力差，抗病害、抗逆性能力偏弱，对播种时间要求严格，田间管理要求高，不少农民因缺乏相应的技术能力，导致种了优质品种但产不出优质小麦。

（三）产后设施少

种粮大户普遍缺乏晒场、烘干及储粮设施，种出优质麦后难以做到分收分储，相当一部分只能和普通麦混在一起卖。

（四）市场风险大

虽然优质麦价格高，但由于没有国家政策托底，完全由市场供求决定其价格，导致其价格年际间波动大。而普通麦价格每年在最低收购价支撑下都能保持基本稳定，导致农户种植优质小麦的积极性不高。

六、发展建议

一是加大对优质专用小麦品种的研发、技术推广和服务的支持力度，以市场为导向选育企业急需、农民愿种、符合地域特色的专用小麦品种。

二是支持产粮大县建设优质专用麦生产基地，积极探索主体培育、免费供种、机械作业补贴、烘干与储粮设施建设、收入保险等政策举措。

三是鼓励加工企业做强做大，对加工企业开展优质专用小麦订单收购，给予信贷支持与税收优惠。

四是支持建立"互联网+粮食"产销衔接信息平台，线上提供全产业链信息交流与咨询服务，线下开展展示、展销与产销对接活动。

第三节　小麦栽培技术的发展

　　我国小麦栽培技术不断发展。20世纪50—60年代，小麦生产主要靠农民的经验总结，栽培品种主要是农家品种，水浇地少。20世60年代后期至80年代早期，高产区对栽培技术进行研究，探讨了叶龄指标促控法的应用，同时加强了化肥的使用，尤其是磷肥的使用显著提高了小麦的产量。20世纪80年代，一些省份针对小麦的品种利用与栽培技术进行专门研究，并对小麦与气候、土壤、水分、温度及时间等生态因子之间的关系进行深入研究。20世纪90年代，高产区将施肥技术改进为"氮肥后移"，即减少底肥氮量，增加追肥氮量，追肥期由越冬、返青期推迟到拔节期、孕穗期。另外，根据当年的气候状况等不同情况，灵活分配各生长期的施肥数量。20世纪90年代末，研究发现，优质强筋小麦的栽培中，氮素代谢是影响强筋小麦品质的主要因素，生育中后期供氮是改善面团特性的关键措施；在达到供磷指标后再增施磷肥对强筋小麦面团品质产生负效应；生育后期适当水分胁迫有利于品质提高；某些种类农药喷洒过晚一定程度上影响籽粒品质；改进技术实施后，小麦籽粒蛋白质、湿面筋及面团特性都得到改善。小麦栽培技术的研究，在促进小麦产量提高和品质的改良上均产生了深远的影响。

　　小麦高产优质高效栽培理论与技术研究不断取得重要进展，形成了不同地区的高产优质高效栽培模式，建立了"小麦叶龄指标促控法""冬小麦精量半精量播种技术""小麦超高产栽培关键技术""节水高产栽培技术"和"小麦精确管理技术"等栽培管理体系，形成了"小麦测土配方施肥技术""小麦精播半精播高产栽培技术""冬小麦氮肥后移高产栽培技术""北方小麦节水高产栽培技术"等全国小麦十大主推技术，为全国小麦生产持续发展提供了技术保障。

一、小麦叶龄指标促控法

　　小麦叶龄指标促控法从研究小麦生长发育规律入手，深入剖析了小麦植株各器官的建成和相互之间的关系，自然环境条件和栽培管理措施对小麦生长发育、形态特征、生理特征、物质生产、产量形成等的影响，其最关键的技术是因地制宜的实现小麦高产、稳产的双马鞍形促控法（又称三促两控法、"W"形法）和大马鞍形促控法（又称两促一控法、"V"形法）。该技术是张锦熙等人多年的研究成果，应用到农业生产中，大幅度提高了小麦产量，在全国范围内的影响很大，实现了小麦栽培技术的重大突破。

二、小麦沟播侧深位集中施肥技术

该研究针对我国北方广大中低产麦区的旱、薄、盐碱地多，产量低且不稳的实际情况，通过侧深位施肥沟播机的研制与应用，研究了小麦沟播集中施肥对小麦生长发育、产量结构的影响和增产效应，其增产关键是改善了小麦的生育条件。旱地小麦深开沟浅覆土可借墒播种，把表层干土翻到埂上，种子播在墒情较好的底层沟内，利于出苗和小麦根系的生长。盐碱地采用沟播则可躲盐巧种，将表层含盐高的土壤翻到埂上，提高出苗率。易遭冻害的地区，小麦沟播降低了分蘖节在土壤中的位置，平抑地温，减轻冻害。各类型的土壤中由于采用沟播，均能增加土壤含水量，利于小麦出苗和生长。沟播田埂起伏可减轻冬季寒风侵袭，防止或减轻小麦冻害，遇雪可增加沟内积雪，利于小麦安全越冬。春季遇雨能减少地面径流，防止地表冲刷，并使沟内积纳雨水，增加土壤墒情，利于小麦生长发育。侧深位集中施肥可以防止肥料烧苗，提高肥效。该项技术在山西、河北、山东、河南、陕西、北京、天津等地示范推广185万hm²以上，增产14%，是一项经济有效的抗逆、增产、稳产措施。该项成果是张锦熙先生主持，由中国农业科学院作物科学研究所组织山西、河北、山东、河南、陕西、北京、天津7省（市）有关单位协作共同完成。

三、小麦精播高产栽培技术

该技术主要是建立合理的群体结构，既保证足够的穗数，又充分发展个体，促进植株健壮、穗大、粒多、粒重，实现高产。其生物学基础是依靠分蘖成穗和单株成穗多，穗大粒多，千粒重高，通过改善田间光照条件，使个体发育健壮，增强了根系吸收能力，提高了小花结实率，增加穗粒数和粒重，从而奠定了粒多粒重的基础，解决了高产与倒伏的矛盾。小麦精播的核心是依靠分蘖成穗，促进个体健壮，构成合理的群体。该成果由山东农业大学、中国工程院院士余松烈教授主持完成，于1984年在山东省各地推广，至1991年，累计推广面积300万hm²，小麦单产提高13.4%。以后又逐渐在河南及河北省等地推广应用，取得了显著的社会效益与经济效益。

四、小麦宽幅精播高产栽培技术

该技术是由中国工程院院士、山东农业大学余松烈教授牵头研究成功的一项小麦高产栽培技术，在黄淮海地区得到推广应用，山东省和河南省有较大面积的推广。该技术以"扩大行距、扩大播幅、健壮个体、提高产量"为核心，改密集条播为宽幅精播的农机和农艺相结合的高产栽培技术。该技术播种量准确，播种均匀，种粒分布结构合理、无缺苗断垄，单位面积穗数较多，并且小麦生长时通风透光好，秸秆硬，抗病、抗倒伏，达到穗多、穗大，粒多、粒重的效果。

五、黄淮海冬小麦机械化生产技术

为推进农机农艺融合，提高小麦机械化生产的科技含量，2013年农业部组织有关专家研究提出了"黄淮海地区冬小麦机械化生产技术指导意见"，该技术指导意见适用于黄淮海地区冬小麦生产，也可供西北冬春麦区小麦生产参考。该技术是在一定区域内，提倡标准化作业，小麦品种类型、耕作模式、种植规格、机具作业幅宽、作业机具的调试等应尽量规范一致，并考虑与其他作业环节及下茬作物匹配。

六、"冬小麦—夏玉米"节水省肥高产高效技术

该技术针对山东省冬小麦—夏玉米一年两熟集约化种植中存在的耕地质量差、生产管理粗放、水肥管理技术不配套造成的水肥投入量过大、作物利用效率降低、环境污染严重、土壤次生灾害时有发生等突出问题，把两季作物作为一个栽培单元来考虑，依据作物与气候的时空统一性及冬小麦、夏玉米栽培生理的互补规律，统筹安排冬小麦、夏玉米周年农艺措施，达到小麦玉米产量和效益的整体提升。该技术包含了冬小麦、夏玉米周年施肥量、播种、施肥、灌溉与排涝、田间管理与收获等节水省肥周年高产高效生产技术措施。该技术已于2013年5月批准发布为山东省推荐性地方标准（DB37/T 2270—2013）。

七、冬小麦节水省肥高产技术

该技术是在华北缺水的平原区经多年研究形成的一套实用型栽培技术体系，其核心是提高土壤水分和养分利用率。该技术是在中国农业大学王树安先生吨粮田技术的基础上，自1990年开始，由中国农业大学蓝林旺、周殿玺先生在河北省吴桥县研究的简化栽培技术。该技术有3种灌溉模式，第一种是在浇足底墒水的基础上，春季不浇水，产量350～400kg/亩的模式；第二种是春季浇1次水，产量400～450kg/亩模式；第三种是春季浇2次水，产量500～600kg/亩的模式。3种模式的效益为，在中上等肥力土壤上，施有机肥2m³/亩，与常规的高产栽培相比，减少灌溉水50～100m³/亩，节省氮素30%以上，水分效率可以提高20%以上。

八、小麦立体匀播技术

近年来，针对以往条播为主的播种方式存在的因"行内挤、行间空"造成的大小苗现象，以及需要分次作业完成施肥、旋耕、播种、镇压等工序，普遍存在的农耗时间长、土壤失墒较重及作业成本偏高等问题，中国农业科学院作物科学研究所提出了可以有效解决上述问题的小麦立体匀播技术，已在部分冬麦区和春麦区示范推广且效果显著。该技术配套的立体匀播机具集"施肥、旋耕、播种、镇压、覆土、二次镇压"6道作业工序于一体，可实现两次镇压、抑制散墒、精细覆土、等深种植、集成作业、缩短农耗的节本增效效果。该技术结合不同生产区气候、品种、土壤等特点，集成了以立体匀播为核心，适于不同生态类型区的栽培技术体系，在模式上重点突出机械化与集约化导向，可满足个体农户、种田大户、家庭农场及合作社等不同生产主体的需求，为促进我国小麦节本、高产、高效、可持续生产提供技术支撑。

第四节　常见小麦病虫草害研究进展

黄淮区域小麦常发病虫害有20多种，其中病害有纹枯病、根腐病、茎基腐病、白粉病、条锈病、叶锈病、赤霉病、叶枯病、全蚀病、黑胚病、黄花叶病毒病、丛矮病和黄矮病等，虫害有麦蚜、麦蜘蛛、吸浆虫、麦叶蜂、黏虫、蛴螬、金针虫、蝼蛄和潜叶蝇等。赤霉病、条锈病、叶锈病、吸浆虫具有短期暴发流行性，纹枯病、全蚀病、黄花叶病毒病、根腐病、麦蚜、麦蜘蛛、地下害虫为害时期长，发生为害期1~7个月不等。

近年来赤霉病在长江中下游和黄淮麦区偏重，流行风险高，条锈病在黄淮南部、江汉平原、西南和西北部分麦区中等发生，纹枯病和白粉病在江淮、黄淮高产麦区发生普遍，根腐病、茎基腐病在黄淮、华北南部麦区呈扩散和加重为害态势。

播种和苗期重点实施好种子药剂处理，防控土传、种传病害及地下害虫等。返青、拔节期重点防控纹枯病和条锈病等，兼顾白粉病、茎基腐病、蚜虫和麦蜘蛛等。抽穗扬花期重点防控赤霉病、吸浆虫，兼顾白粉病、条锈病等。灌浆成熟期重点控制麦穗蚜，兼顾锈病、白粉病和黏虫。

一、小麦病害

（一）小麦纹枯病

引起小麦纹枯病的病原菌主要是禾谷丝核菌（*Rhizoctonia cerealis*）和立枯丝核菌（*Rhizoctonia solani*），我国小麦纹枯病的病原主要是禾谷丝核菌的AGD融合群。抗病机理：一是小麦品种纹枯病的抗性强弱与灌浆期第二茎秆中还原糖的含量呈极显著负相关，且同一品种间病株的含量高于健株的含量；二是受到病原物侵染后，抗病品种体内过氧化物酶活性会显著升高；三是叶片狭窄并且直立型的小麦品种抗病性一般较强，叶宽而披散型品种常为感病表现。研究表明小麦纹枯病抗性的遗传不符合加性—显性模型，存在基因互作效应，受主效基因和微效多基因共同控制。迄今为止，鉴定出的少数纹枯病抗原，例如，山红麦、山农0431、ARz等的抗性都是由多基因控制的。肖建国（1998）在人工接菌条件下共从252个品种（系）中鉴定出了69个抗或中抗材料，占总数的27.4%。目前防治小麦纹枯病的药剂主要为井冈霉素和三唑类药剂。

（二）小麦根腐病

小麦根腐病的病原菌是一个具有地域性差异的复合群体，该菌在不同地区、不同生态条件下的种类及分布不同。黄淮海麦区、东北麦区和新疆地区引起当地小麦发生根腐病的主要病原菌是麦根腐平脐蠕孢（*B. sorokiniana*）。目前推广种植的小麦品种整体抗性较差。胡艳峰（2016）对黄淮麦区主推的89个小麦品种进行抗性鉴定，结果表明，黄淮海地区主推小麦品种中没有免疫和高抗品种。张荣昌（1995）对黑龙江省内和中国农业科学院作物品种资源研究所共同提供的2 108份材料进行鉴定，感病的材料占92.50%，抗病材料仅占7.50%。Singh等（2007）发现哈茨木霉UBSTH-501显示出对麦根腐平脐蠕孢菌的菌丝体生长有明显的抑制作用。张丽荣等（2007）筛选到了几株对土传病害有明显防治效果的木霉菌株，室内测定发现其对麦根腐平脐蠕孢菌的生长具有明显的抑制作用。土壤放线菌菌株G27和链霉放线菌菌株S-159-06对小麦根腐病有较好的抑菌效果。短小芽孢杆菌D82对小麦根腐病有强抗生作用。细菌解淀粉芽孢杆菌B-16对麦根腐平脐蠕孢的菌丝体有明显的抑制作用。三唑类杀菌剂与小麦种子拌种，对根腐病有很好的防效，三唑醇在药效和安全性方面都优于三唑酮。

（三）小麦赤霉病

小麦赤霉病的病原物是镰刀菌的复合种群，但是各种赤霉病病菌的分布和致病力在不同地域会有所差异。对小麦赤霉病病菌有拮抗作用的生防细菌主要包括芽孢杆菌、假单胞菌、产酶溶杆菌、链霉菌；拮抗真菌主要包括隐球菌属、木霉属、粉红螺旋聚孢酶和出芽短梗霉。氰烯菌酯、多菌灵、己唑醇、代森锰锌、苯菌灵、咪鲜胺、丙环唑、戊唑醇和三唑醇等都是控制小麦赤霉病的有效农药，但是现在已发现了对戊唑醇和苯并咪唑类杀菌剂有抗性的赤霉病病菌。我国科学家育成或发现了一些优质抗原如苏麦3号、望水白、黄方柱、海盐种、白三月黄、黄蚕豆等，为小麦赤霉病的研究和防治提供了优质抗原，作出了巨大贡献。中国农业大学于2018年发现一个新的抗赤霉病QTL（QFhb.cau-7DL）及与之紧密连锁的DNA标记（gwm428），其抗病程度与FAW接近，在不同遗传背景中和不同环境条件下均有效，现已经把它与抗其他真菌病害的多个QTL和良好农艺性状聚合在一起，作为抗原材料具有潜在的应用价值。

（四）小麦白粉病

小麦白粉病病菌有性态属于子囊菌门白粉菌目白粉菌科禾布氏白粉菌属，无性态属于无性菌类粉孢属。盛宝钦等（1992）对我国8个省（区）的3 441份地方小麦品种进行白粉病的抗性鉴定，筛选出6个免疫至高抗品种和71个中抗品种。山西省农业科学院小麦研究所采用自然诱发和人工接种相结合的方法，对871份小麦新品种（品系）进行苗期和成株期的抗白粉病鉴定，并筛选出农大015、冀麦3、晋麦32等9份农艺性状突出、抗病性好的品种。曹世勤等（2018）对甘肃省193份小麦资源品种进行了小麦对白粉病全生育期的抗性评价，其研究结果表明，苗期对参试白粉病病菌E09表现抗病的品种为白春麦（库75、库76）等46份材料。小麦抗白粉病基因已经定位和通过鉴定的仅有20余种。对于现在生产中普遍认可的具有广谱抗性的抗白粉病基因*Pm2*来源于簇毛麦属（*Dasypyrum*），通过分子标记辅助选择的方法将其抗性转移到普通小麦中。植物源杀菌剂对白粉病病菌的防控和对植物的治疗分别能达到66.78%和73.33%的效果。枯草芽孢杆菌和链霉菌次生代谢物同样有防治白粉病的功效。

（五）小麦土传花叶病

小麦土传花叶病毒病是侵染小麦的一种重要病害，该病害病原有多个病毒种类，主要为小麦黄花叶病毒（WYMV）和中国小麦花叶病毒（CWMV），由禾谷多黏菌以持久性方式传播为害，禾谷多黏菌至少可传播14种土传植物病毒，我国冬麦区的禾谷多黏菌为Ⅰ（Ⅰc）型（我国特有分型）和Ⅱ（Ⅱa）型。目前生产上，特别是河南、山东、安徽、陕西等小麦主产区，缺乏丰产抗病的小麦品种。孙炳剑等（2011）评价了河南小麦种植区主要推广品种的抗性，发现泛麦5号、阜麦936、豫麦70、山东95519、濮优938、高优503、郑麦366、豫麦9676、陕麦229等品种在河南地区对小麦黄花叶病具有稳定的抗性。刘继新（2015）在2013年和2014年分别筛选获得12个和92个高抗小麦黄花叶病的品种，烟5158、TL1等品种表现高抗抗性，适宜在山东临沂地区种植。

二、小麦虫害

黄淮冬麦区的害虫主要有地下害虫、黏虫、麦蚜、吸浆虫、麦红蜘蛛等几十种。地下害虫主要包括蛴螬、金针虫和蝼蛄，它们是播种期和苗期常发性害虫，主要通过取食种子和麦苗进行为害，造成缺苗断垄。麦蚜主要有麦二叉蚜、禾谷缢管蚜、麦长管蚜、麦无网长管蚜4种，蚜虫通过刺吸汁液影响小麦生长，并且会传播小麦的病毒病。黏虫是一种具有远距离迁飞习性的暴发性害虫，以幼虫取食小麦叶片为害，严重时可以将叶片吃光，造成严重减产，甚至绝收。小麦吸浆虫有麦黄吸浆虫和麦红吸浆虫2种，在小麦穗期以幼虫吸食正在灌浆的籽粒浆液而造成为害。麦红蜘蛛主要有麦圆蜘蛛和麦长腿蜘蛛，其吸食小麦的汁液，造成植株矮小，严重时会导致小麦枯死。此外还有麦秆蝇、叶蜂等害虫。

（一）以虫治虫

以虫治虫就是采用天敌昆虫防治小麦害虫。天敌包括捕食性天敌和寄生性天敌两大类。黄淮冬麦区的捕食性天敌主要有瓢虫、食蚜蝇、草蛉、螳螂等几十种。寄生性天敌主要有蚜茧蜂、蚜小蜂等。天敌对小麦害虫的控制能力很强，据测定，七星瓢虫4龄幼虫和成虫单头捕蚜量分别为72.9头/d和66.7头/d；大灰食蚜蝇3龄幼虫单头捕蚜量72.8头/d；黑带食蚜蝇1龄、2龄、3龄幼虫单头捕蚜量分别为7.0头/d、30.3头/d、72.3头/d；蚜茧蜂平均单头雌蜂寄生蚜虫52.6头，最多122头，最少15头。因此要做到，一是保护和利用自然天敌。麦田是多种天敌昆虫的繁殖基地，在防治麦田害虫时，要充分考虑麦田在整个农业生态系统中的作用，尽量推迟化学农药的使用时间，选用对天敌低毒的化学或生物农药，适当降低施药剂量，保护天敌，以促进麦田生态系统的良性循环，达到更好的控制效果和良好的生态效益。二是人工繁殖与释放天敌。利用人工创造条件，可以大量地繁殖天敌，释放到麦田，不仅可以增加麦田天敌的种群数量，而且可以使害虫在大发生之前得到有效的控制。如人工繁殖赤眼蜂用于防治小麦黏虫。中国检验检疫科学研究院2007年曾做过试验，在80亩的麦田释放了4万余只螳螂，一段时间后，螳螂将害虫全部捕食干净，后期测产可达6t/hm^{2}以上。由此可见，人工繁殖和释放天敌防治害虫防治效果很好，应该进行更多的研究和实施。

（二）以菌治虫

以菌治虫是指利用微生物或其他谢产物来控制小麦害虫。现在所利用的致病微生物主要有真菌、细菌和病毒三大类。苏云金杆菌是运用最广泛的一种细菌，它的伴孢晶体含有的蛋白质毒素可以破坏害虫的消化道，引起食欲减退，行动迟缓、呕吐、腹泻，而芽孢能通过破损的消化道进入血液，最终使害虫死亡。在麦田使用，可以防治蛴螬、黏虫等鳞翅目害虫。白僵菌和绿僵菌等是最主要的致病真菌，可用于防治小麦蛴螬、蝗虫、蚜虫、叶蝉、飞虱及多种鳞翅目幼虫如玉米螟、黏虫等。使用时将菌粉用水稀释，配成孢子为超过1亿个/mL的菌液，在小麦上喷雾即可。核多角体病毒是目前最主要的防治害虫的致病病毒。昆虫感染后，体液则变成脓汁状而死亡。

（三）麦蚜的防治进展

近年来麦蚜在华北大部和黄淮北部麦区发生程度重。有条件的地区，提倡释放蚜茧蜂、瓢虫等进行生物控制。1987年，DuToit发现了第一个抗麦双尾蚜基因*Dn1*。目前发现并命名的抗麦双尾蚜和抗麦二叉蚜的单显性或隐性基因超过20个。一些小麦材料对麦长管蚜的抗性为单基因控制的不完全显性遗传或显性遗传。Li和Peng在222个面包小麦中发现了8个与耐麦长管蚜为害相关的RRS标记位点，分别位于5个染色体的8条臂上。在20世纪50年代，美国通过远缘杂交育成了抗麦二叉蚜的小麦品种Amigo和Largo。通过普通小麦与硬粒小麦杂交获得的材料98-10-35抗蚜性状表现良好，在其上取食的蚜虫发育历期延长、内禀增长率降低、繁殖率下降。我国在转基因抗蚜小麦育种方面也有很大的进展。目前已经获得有转雪花莲凝集素（GNA）基因和转半夏凝集素（PTA）基因的抗蚜虫转基因小麦。

三、小麦草害

黄淮麦区多以阔叶杂草为害为主，如播娘蒿、芥菜、麦瓶草、猪殃殃、麦家公、黎、蕑等。黄淮麦区小麦不同生长时期的综合调查，从3月至小麦收割期间，田间杂草密度一般为20~500株/m²。近年来，随着土地流转速度加快，种子调运量的增加，农机跨区作业强度加大，更是给野燕麦、看麦娘、雀麦、节节麦等禾本科恶性杂草种子远距离传播创造了有利条件。因这些杂草分蘖多、繁殖力强、扩展蔓延迅速，而且与小麦同科，特征相似，前期不易识别，后期较小麦成熟期早，成熟期也不一致，通常是边开花、边结实、边成熟，随地脱落，且种子量多、繁殖量大，所产生的种子数量通常是小麦的几十倍、数百倍甚至更多，种子生命力强，极难清除。特别是有些农民，不懂得防治技术，将杂草拔除后抛在田边、地垄，更引起重复传播与蔓延，给防除带来了极大困难，为害程度严重。麦田杂草的特点如下。

一是生长性强。与小麦争光、争水、争肥、争空间等，有的杂草枝高叶茂，如大刺儿菜、野燕麦、芦苇等，因覆盖和荫蔽小麦植株，严重影响小麦的光合作用；有的杂草如回旋花、卷茎蓼、猪殃殃等，攀绕在小麦植株上，造成小麦早期倒伏，严重影响小麦的正常生长发育，造成小麦减产和品质降低。

二是抗逆性强。大多数麦田杂草抗寒、抗旱、抗热、抗盐碱、耐药性强，抵抗非生物逆境的能力和抗病抗虫等生物逆境的能力比起小麦要强得多，且不易根除。

三是病虫的中间寄主或滋生场所传播小麦病虫害，麦田中滋生大量杂草还严重影响机械收割或者作业。

四是有的杂草，如毒麦种子，含有对人、畜有毒的物质，混杂在麦粒中加工之后，人、畜食用会引起中毒。

我国生物防治小麦田间杂草研究起步较晚，利用尖翅小卷蛾防治扁秆藨草等已在实践中取得应用效果，今后应加强此种防治措施的发掘利用，尤其是对某些恶性杂草的防治将是一种经济而长效的措施，有着广阔的发展前景。

第二章　小麦的播前准备

第一节　品种选择与种子处理

种子是农作物生产中重要的生产资料之一，是决定农作物高产与否的关键因素。对于小麦生产而言，优良品种和良好的种子质量是获得小麦高产的基础之一，选择高质量的良种是小麦生产获得高产、稳产、优质、高效的重要手段。优良品种是在一定的生产条件下，能够发挥其产量和品质优势的种子，一旦生产条件发生变化，优良品种也能与之相应变化，获得较好产量和品质。良种的选择必须考虑品种特性、自然条件和生产水平，因地制宜，既要考虑品种的丰产、稳产、抗逆性和适应性，又要防止品种单一性，一般选择2~3个品种，以一个品种为主，与其他品种搭配种植，这样既可以防止品种单一的情况下因自然灾害造成损失，又可以调剂劳动力，便于安排农活。选用小麦优良品种应做到以下5点。

第一，根据当地的气候生态条件，选用生长发育特性适合当地条件的品种，避免春性过强的品种发生冻害，冬性过强的品种贪青晚熟。

第二，根据当地的耕作制度、茬口早晚等，选择适宜在当地种植的早、中、晚熟品种。

第三，根据当地的生产水平、地力肥力、气候条件和栽培水平确定品种类型和不同产量水平的品种。

第四，要立足抗灾保收，高产、稳产、优质和高效兼顾，尤其要抵御当地的自然灾害。

第五，更换当家品种或从外地引种时，要通过试种、示范，再推广应用，以免给生产造成经济损失。

近年来，随着农业结构调整的深入，专用优质小麦种植的比例逐年上升，因小麦品质既与品种和生态条件，又与栽培措施密切相关，为此在品种选择上，需根据当地生产要求、种植区域和品种品质而定。

一、优质小麦品种的介绍

优质小麦是指含有优质蛋白质、优质矿物质、丰富维生素且适宜作为加工产品使用的小麦。根据小麦籽粒的用途一般分为强筋、中强筋、中筋、弱筋小麦。不同类型小麦的品质对专用粉及其加工食品的品质有很重要的影响。随着小麦单产的持续提高和人民生活的不断改善，小麦生产由过去的以产量为主，逐渐转向产量和品质并进。下面介绍几个高产优质的小麦品种。

（一）强筋小麦品种

强筋小麦胚乳为硬质，小麦粉筋力强，适用于制作面包或者用于配麦。籽粒容重≥770g/L，籽粒蛋白质（干基）含量≥14.0%或面粉湿面筋含量（14.0%水分基）≥30.0%，面团稳定时间≥8.0min。

1. 济麦20

该品种以鲁麦14号为母本、鲁884187为父本经有性杂交系统选育而成。济麦20属冬性中早熟品种，全生育期237d左右，幼苗半直立，苗色深绿，叶片较窄，叶耳紫色、旗叶中长、挺直而上冲。分蘖力强，成穗率高。株高75～80cm，株型紧凑，较抗倒伏。抽穗后茎、叶、穗蜡质较重，抗旱性较好。穗纺锤形，长芒，白壳，白粒，硬质，籽粒饱满。产量结构好，亩穗数40万～43万个，穗粒数36粒左右，千粒重42～43g，籽粒容重780～800g/L，在山东省产量表现500～600kg/亩。济麦20是优质面包、面条兼用品种。该品种籽粒蛋白质含量17.02%（干基），湿面筋含量37.2%，沉降值52.9mL，吸水率61.2%，面团形成时间11.7min，稳定时间24.0min，评分96.3。2003年利用国家区试5点取样混合种子测定，面团稳定时间28.6min，最大抗延阻力586E.U.，拉伸面积126cm^2。该品种中抗条锈病、白粉病，高抗叶锈病，感白锈病。该品种集优质、高产、稳产和适应性为一体，适宜播期为10月上旬，适宜在黄淮冬麦区中高肥水条件下推广种植。

2. 济南17

该品种以临汾5064作母本、鲁麦13作父本杂交育成的高产优质面包小麦新品种，中早熟。济南17为冬性，幼苗半匍匐，抗寒性好，分蘖力强，成穗率高，属多穗型品种。株高75cm左右，株型紧凑，叶片上冲，长势和长相好。穗纺锤形，穗粒数30～35粒，顶芒，白壳，角质，千粒重38～42g，亩产超过600kg。该品种蛋白质含量

15.51%，湿面筋36.6%，沉降值55.4mL，吸水率62.3%，面团稳定时间15.7min，面包和馒头品质优良。该品种适宜山东全省及河南、河北、江苏和安徽等地部分地区的高肥水地块种植。最佳播期10月1—15日，播量60～90kg/hm²。冬前苗齐、苗壮、水肥基础好的地块春季水肥管理可适当推迟，抽穗后注意防治蚜虫和白粉病，扬花后15d左右浇灌浆水是提高产量的关键措施。

3. 济麦44

该品种半冬性，叶色浅绿，生育期233d。幼苗半匍匐，越冬抗寒性较好，亩最大分蘖102.0万个，亩有效穗43.8万个，分蘖成穗率44.3%。株型较紧凑，旗叶上冲，株高75～80cm，穗长方形，穗粒数35.9粒，千粒重43.4g，容重763～821g/L。抗倒伏，熟相好。长芒，白壳，白粒，角质，椭圆形。成株期抗条锈病，高抗秆锈病，中抗白粉病，中抗土传小麦病毒病，低感麦蚜。籽粒蛋白质含量15.4%，湿面筋含量35.1%，沉降值51.5mL，吸水率63.8%，稳定时间25.4min，面粉白度77.1，属强筋品种。该品种适宜山东全省肥沃棕壤、褐土、砂姜黑土和土质黏重的潮土地块种植利用。目前在河北、河南、安徽、天津等地的试验示范中也表现突出、稳定优异。

4. 烟农19

该品种半冬性中晚熟，幼苗半匍匐，叶片窄长，株型紧凑，叶片深黄绿色、上冲，株高84cm左右，全生育期213～238d，中感条锈病、叶锈病，感白粉病。分蘖成穗率高，每亩成穗40万～45万个。长芒，白壳，白粒，角质，中大穗，穗纺锤形，小穗排列较紧，结实性较好。穗粒数35粒左右，千粒重41～43g，容重824g/L。蛋白质含量14.0%～15.1%，湿面筋含量33.5%～35.5%，沉降值40.2mL，吸水率57.24%，面团稳定时间13.5～16.5min。1999—2000年高肥组生产试验，平均亩产479.36kg。适于黄淮冬麦区和部分北部冬麦区中高产地块和旱肥地种植。由于该品种分蘖成穗率高，抗旱、节水能力强，播种量不宜过多，宜采用"V"形管理法，在施足底肥、灌好冻水的情况下，返青至起身期以控为主，重施拔节肥，巧施抽穗期肥，可达到高产、优质、抗倒伏的目的。

5. 济麦229

该品种属半冬性，幼苗半匍匐，植株繁茂性较好，株型半紧凑，平均株高82cm左右，穗纺锤形，小穗排列紧密，长芒，白粒，角质。成熟期较济麦22早1d。山东省高肥组区试中，平均亩穗数44.5万个，穗粒数38.6粒，千粒重36.7g。2014—2015年度山东省水地组生产试验中，平均亩产560.43kg。籽粒蛋白质含量15.53%，湿面筋含量33.17%，沉降值45.10mL，吸水率58.9%，稳定时间23.67min。该品种适宜播期为平均气温14～16℃，亩基本苗10万～12万株（精播减少至8万～10万株），适宜中高肥地块种植。中感纹枯病，感条锈病、叶锈病和白粉病。

6. 济麦262

该品种冬性，幼苗半直立。株型半紧凑，旗叶宽大、下批，抗倒伏，熟相中等。其生育期比鲁麦21号晚熟1d。株高67.2cm，亩有效穗32.7万个，分蘖成穗率43.8%。穗长方形，穗粒数37.5粒，千粒重44.7g，容重750.9g/L。长芒，白壳，白粒，籽粒饱满、硬质。中抗条锈病，中感白粉病和纹枯病。2014—2015年旱地组生产试验，平均亩产492.97kg。其籽粒蛋白质含量15.0%，湿面筋含量35.2%，沉降值28.9mL，吸水率54.9%，稳定时间2.3min，面粉白度80.2。播期10月1—10日，每亩基本苗18万～20万株。注意防治蚜虫、叶锈病和赤霉病。其他管理措施同一般旱地大田，适宜旱肥地种植。

7. 周麦32

该品种来源为矮抗58×周麦24。该品种半冬性中晚熟，全生育期226.0～235.2d。幼苗匍匐，叶片窄长，叶色浅绿，冬季抗寒性一般。分蘖力强，成穗率较高。春季起身拔节快，两极分化快。株型松紧适中，旗叶宽短、上冲，穗下节短，穗层较厚，平均株高74～75cm，茎秆弹性好，抗倒伏能力强。穗纺锤形，长芒。籽粒卵圆形，白粒，角质。根系活力好，叶功能期长，耐后期高温，成熟落黄好。该品种高抗条锈病，中感叶锈病、白粉病和纹枯病，高感赤霉病。平均亩产482.9kg。适宜在河南省（南部稻茬麦区除外）早中茬中高肥力地种植。

8. 郑麦3596

该品种来源为郑麦366航天诱变。半冬性中晚熟，全生育期225.6～234.9d。幼苗半匍匐，叶色深绿、宽大，冬季抗寒性强。分蘖力中等，成穗率高。春季起身拔节早，两极分化快，抽穗早。成株期株型紧凑，旗叶偏小、上冲、有干尖，穗下节短，株高75.0～76cm，茎秆弹性好，抗倒伏能力强。穗纺锤形，大小均匀。籽粒卵圆形，角质率高，饱满度好，外观商品性好。根系活力好，叶功能期长，较耐后期高温，成熟落黄好。该品种中感条锈病、叶锈病、白粉病和纹枯病，高感赤霉病，平均亩产459.9kg。该品种适宜在河南省（南部稻茬麦区除外）早中茬中高肥力地种植。

9. 丰德存麦5号

该种母本周麦16、父本郑麦366，半冬性中晚熟品种，幼苗半匍匐，苗势较壮，叶片窄长直立，叶色浓绿，冬季抗寒性较好。冬前分蘖力较强。春季起身拔节较快，两极分化快，耐倒春寒能力一般。后期耐高温能力中等，熟相较好。株高

76cm，茎秆弹性一般，抗倒性中等。株型稍松散，旗叶宽短、外卷、上冲，穗层整齐，穗下节短。穗纺锤形，长芒，白壳，白粒，籽粒椭圆形，角质，饱满度较好，黑胚率中等。亩有效穗数38.1万个，穗粒数32粒，千粒重42.3g。慢条锈病，中感叶锈病、白粉病，高感赤霉病、纹枯病。品质达到强筋一级国标，可替代进口优质小麦，其容重794g/L，籽粒蛋白质含量16%，湿面筋含量33.1%，吸水量60.6%，稳定时间14.6min，拉伸面积147.7cm^2，最大抗延阻力653.5E.U.。2017—2018年实打验收平均亩产685.9kg，2018—2019年实打验收亩产778.9kg。

10. 郑麦7698

半冬性多穗型中晚熟品种，成熟期与周麦18相同。幼苗半匍匐，苗势较壮，叶窄短，叶色深绿，分蘖力较强，成穗率低，冬季抗寒性较好。春季起身拔节迟，春生分蘖略多，两极分化快，抽穗晚。抗倒春寒能力一般，穗部虚尖、缺粒现象较明显。株高平均77cm，株型紧凑，茎秆粗壮，抗倒伏能力强。旗叶宽长、上冲、蜡质重。穗层厚，穗多穗匀。后期根系活力较强，熟相较好，穗长方形，籽粒角质，均匀，饱满度一般。国家黄淮南片冬麦区区域试验平均亩穗数38万～41.5万个，穗粒数34.3～35.5粒，千粒重43.6～44.4g。前中期对肥水较敏感，肥力偏低的地块成穗数少。中抗白粉病、条锈病和叶枯病，中感叶锈病和纹枯病，高感赤霉病。平均亩产514.60kg。

11. 郑麦379

该品种属半冬性多穗型中熟品种，幼苗半匍匐，苗势壮，叶片窄长，叶色浓绿，冬季抗寒性较好。分蘖力较强，成穗率较低。春季起身拔节迟，两极分化较快，耐倒春寒能力一般。耐后期高温能力中等，熟相中等。株高80cm左右，茎秆弹性较好，抗倒性较好。株型稍松散，旗叶窄长、上冲，穗层厚。穗纺锤形，小穗较稀，长芒，白壳，白粒，籽粒角质、饱满，籽粒外观商品性好。产量三要素较协调，亩穗数45.8万个，穗粒数34粒，千粒重45g。慢条锈病，高感叶锈病、白粉病、赤霉病、纹枯病。2016—2017年平均亩产量518.1kg。

12. 藁优2018

该品种以9411为母本、98172为父本经有性杂交系统选育而成。属半冬性品种，全生育期240d左右，幼苗半匍匐，叶片深绿色，分蘖力较强。株型紧凑，株高73cm左右，抗倒性强。穗长方形，长芒，白壳，白粒，硬质，籽粒较饱满。亩穗数48万个左右，穗粒数31.9粒，千粒重38.6g，籽粒容重789.9g/L，亩产量500kg左右。该品种籽粒粗蛋白质含量15.48%，湿面筋含量31.8%，沉降值45.8mL，吸水率57.4%，形成时间6.0min，稳定时间24.0min。该品种中感条锈病、高抗叶锈病，中抗白粉病。该品种适宜播期为10月1—15日，播种量为每亩基本苗18万～22万株，适宜在河北省中南部冬麦区中高水肥地块种植。

13. 师栾02-1

该品种以9411为母本、9430为父本经有性杂交系统选育而成。属半冬性中熟品种，成熟期比对照石4185晚熟1d左右。幼苗匍匐，分蘖力强，成穗率高。株高72cm左右，株型紧凑，叶色浅绿，叶小上举，穗层整齐。穗纺锤形，护颖有短茸毛，长芒，白壳，白粒，籽粒饱满，角质。平均亩穗数45.0万个，穗粒数33.0粒，千粒重35.2g，籽粒容重786g/L，亩产量550kg左右。该品种蛋白质（干基）含量16.88%，湿面筋含量33.3%，沉降值61.3mL，吸水率59.4%，稳定时间15.2min，最大抗延阻力700E.U.，拉伸面积180cm²，面包评分92分。该品种抗寒性中等，中抗纹枯病，中感赤霉病，高感条锈病、叶锈病、白粉病、秆锈病。适宜播期10月上中旬，每亩适宜基本苗10万～15万株，后期注意防治条锈病、叶锈病、白粉病等，适宜在黄淮冬麦区北片的山东中部和北部、河北中南部、山西南部中高水肥地种植。

14. 石优20号

该品种以冀935-352为母本、济南17为父本经有性杂交系统选育而成。属冬性中晚熟品种。成熟期比对照石4185晚熟1d左右。幼苗匍匐，分蘖力强。株高77cm，旗叶较长，后期干尖较重。茎秆弹性较好，抗倒性较好。成熟落黄较好。穗层整齐，穗下节短，穗纺锤形，白壳，白粒，籽粒角质。亩穗数43.2万个、穗粒数34.5粒、千粒重38.1g，籽粒容重785g/L，亩产量在550kg左右。该品种蛋白质含量14.59%，面粉湿面筋含量32.9%，沉降值54mL，吸水率59.4%，稳定时间12.9min。该品种抗寒性较差，高感叶锈病、白粉病、赤霉病和纹枯病，慢条锈病。黄淮冬麦区北片适宜播种期10月5—15日，适期播种高水肥地每亩基本苗16万～20万株，中等地力每亩基本苗18万～22万株。北部冬麦区适宜播种期9月28日至10月6日，适期播种每亩基本苗18万～22万株，晚播麦田应适当加大播量。在生产中应及时防治麦蚜，注意防治叶锈病、白粉病、纹枯病等主要病害。

15. 徐麦99

该品种为半冬性中晚熟小麦品种，幼苗偏匍匐，叶色较深，抗寒性较好。分蘖力强，成穗数较多。株型较松散，茎秆弹性好，抗倒性较好。穗层较厚，结实性好。长芒，白壳，白粒，穗纺锤形，籽粒硬质—半硬质。全生育期236.0d，株高91.8cm，每亩有效穗39.0万个，每穗33.1粒，千粒重42.5g。中感赤霉病、纹枯病，高抗梭条花叶病。容重808g/L，粗蛋白质含量15.8%，湿面筋含量33.7%，稳定时间8.2min。2007—2008年度平均亩产534.5kg。适宜江苏省淮北麦区种植，适宜播期为10月5—10日，每亩基本苗条播10万～12万株，撒播15万～20万株。

16. 淮麦30

该品种属弱春性中早熟小麦品种，幼苗半匍匐，叶色深绿，叶宽直立，生长健壮，抗寒性较好，分蘖力中等，成穗数较多，株型紧凑，穗层整齐，熟相好，茎秆弹性好，抗倒性较强，穗纺锤形，穗中等大小，结实性一般，长芒，白壳，白粒，籽粒硬质，饱满度较好，千粒重高，区试平均结果，全生育期217.7d，株高81.3cm，每亩有效穗数40.5万个，每穗29.1粒，千粒重48.3g。其中抗赤霉病，中感纹枯病，感白粉病，抗黄花叶病，耐渍性强，耐肥抗倒，综合抗性好，适应范围广，经农业部谷物品质监督检测中心测定，2007—2009年两年平均结果，容重822g/L，粗蛋白质含量12.9%，湿面筋含量24.4%，沉降值52.4mL，吸水率63.6%，稳定时间3.4min。适宜在黄淮冬麦区南片的安徽北部、江苏北部、河南中北部高中水肥地早茬麦田种植。

17. 徐麦30

该品种为半冬性多穗型中晚熟品种，幼苗半匍匐，苗壮。芽鞘白色，叶片较宽大，叶色深绿。分蘖能力强，成穗率较高，成穗数较稳定，每亩成穗38万～45万个。株型较紧凑，株高85cm左右，茎秆弹性好。剑叶大小适中，叶片上冲，通风透光好，穗层较整齐。穗纺锤形，长芒，白壳，白粒。穗型中大，结实性好，平均每穗结实32～35粒。籽粒角质，均匀饱满，千粒重42～45g，容重高，商品性好。成熟中晚，熟相较好。硬度指数66，容重809g/L，粗蛋白质（干基）含量14.3%，湿面筋含量30.2%，吸水率62.1%，形成时间2.2min，稳定时间7.8min，弱化度26F.U.，最大抗延阻力451E.U.，延伸性13.1cm。中抗纹枯病、慢叶锈病，中感秆锈病、条锈病，感白粉病和赤霉病。2007年黄淮北片区试平均亩产524.3kg。高产栽培最适播期为10月1—15日，在此范围内适宜播种量为每亩基本苗12万～16万株，肥力水平偏低或播期推迟，应适当增加基本苗。

（二）中筋小麦品种

中筋小麦胚乳为硬质，小麦粉筋力适中，适用于制作面条、饺子、馒头等食品。籽粒容重≥770g/L，籽粒蛋白质（干基）含量≥12.5%或面粉湿面筋含量（14.0%水分基）≥26.0%，面团稳定时间≥3.0min。

1. 济麦22

该品种以935024为母本、935106为父本杂交，通过系谱法选育而成的优质中筋小麦品种。半冬性，中晚熟。幼苗半匍匐、浓绿，叶片较窄，分蘖力中等，成穗率高。旗叶深绿、上举，抽穗后茎叶有蜡质。茎秆韧性好，株型紧凑，株高72cm左右，抗倒伏。穗长方形，长芒，白壳，白粒，角质，籽粒饱满。穗粒数36粒，千粒重40g。济麦22免疫至中抗白粉病，中抗至慢感条锈病，中抗至中感秆锈病，中感至高感纹枯病。2010—2011年平均亩产549.2kg。其籽粒蛋白质含量14.1%，湿面筋含量35.2%，沉降值31.2mL，出粉率68.5%，面粉白度74.3，吸水率60.3%，形成时间4.1min，稳定时间3.5min。该品种适宜山东全省及苏北、豫北、冀中南、晋南等地的中高肥力和水浇条件良好的地块种植。最佳播期范围为10月1—15日。济麦22小麦属多穗型品种，高产栽培条件下要求每亩基本苗8万～12万株，适期播种时播种量应严格掌握5～7.5kg/亩。

2. 良星66

该品种半冬性，中晚熟，生育期238d，幼苗半匍匐，叶细、青绿色，分蘖力较强，成穗率中等。冬季抗寒性较好。春季起身拔节迟，春生分蘖多，两极分化快，抽穗较晚，抗倒春寒能力中等。株高85cm左右，株型较紧凑，旗叶深绿色、短宽上冲。茎秆弹性一般，抗倒性一般。熟相较好。穗层较整齐。穗纺锤形，长芒，白壳，白粒，籽粒半角质、均匀、色泽光亮、饱满度一般、腹沟偏深。亩穗数44.4万个、穗粒数32.5粒，千粒重42.2g，属多穗型品种。高感叶锈病、赤霉病和纹枯病，慢条锈病，高抗白粉病。黄淮冬麦区南片冬水组品种区域试验，2007—2008年平均亩产567.4kg，2008—2009年平均亩产551.0kg。2009—2010年生产试验，平均亩产498.5kg。

3. 济麦60

该品种半冬性，幼苗半匍匐，株型半紧凑，叶色深绿，叶片上举，抗倒伏性较好，熟相好，生育期229d。株高74.8cm，亩最大分蘖88.4万个，亩有效穗38.5万个，分蘖成穗率43.3%。穗纺锤形，穗粒数35.4粒，千粒重41.5g，容重789.1g/L。长芒，白壳，白粒，籽粒硬质。条锈病免疫，高感叶锈病、白粉病、赤霉病和纹枯病。越冬抗寒性较好。其籽粒蛋白质含量13.2%，湿面筋含量36.4%，沉降值30.5mL，吸水率64.1%，稳定时间3.4min，面粉白度73.4。2017—2018年旱地组生产试验，平均亩产440.5kg。适宜播期10月5—15日，每亩基本苗15万～18万株。注意防治叶锈病、白粉病、赤霉病和纹枯病。其他管理措施同一般大田，适宜旱肥地种植。

4. 鲁原502

该品种为半冬性品种，适期播种耐寒性强，冬季及早春无冻害发生。幼苗半匍匐，长势强，分蘖力强。穗长方形，长芒，白壳，白粒。株高80cm左右，高抗倒伏。平均亩成穗41.5万个，穗粒数38.5粒，千粒重43.8g。中抗条锈和白粉病。在2008—2009年国家冬小麦品种区域试验黄淮北片水地组试验中，平均亩产量558.7kg。硬度指数67.2，容重794g/L，蛋白质（干基）含量13.14%，湿面筋含量30.2%（中筋>28%），吸水率62.9%，稳定时间5min（中筋3~7min），最大抗延阻力266E.U.（中筋200~400E.U.）。适宜山东全省、河北省中南部、山西省中南部等地种植。鲁原502小麦属多穗型品种，高产栽培条件下要求每亩基本苗12万~15万株，适期播种时播种量一般应掌握在7.5~9.0kg/亩。

5. 济麦23

该品种半冬性，中晚熟，幼苗半匍匐，幼苗绿色，株型较紧凑，旗叶微卷上举，旗叶长度中等，旗叶宽度中等，穗长方形，长芒，白壳，白粒，籽粒饱满度好，硬质，不易落粒，落黄熟相好，株高78.4cm，亩穗数46.1万个，穗粒数33.0粒，千粒重48.0g，容重813.4g/L，籽粒蛋白质含量15.28%，湿面筋含量36.3%，稳定时间7.3min，属于中强筋品种。在2013—2015年山东省高肥区试中平均亩产608.74kg。适宜在黄淮冬麦区北片的山东、河北南部、山西南部等水肥条件好的地区种植。

6. 青麦7号

该品种半冬性，幼苗匍匐。两年区域试验平均结果，生育期236d，株高76.4cm，株型紧凑，较抗倒伏，熟相较好。亩最大分蘖87.9万个，有效穗42.0万个，分蘖成穗率47.7%。穗纺锤形，穗粒数33.5粒，千粒重38.9g，容重774.3g/L。长芒，白壳，白粒，籽粒较饱满、硬质。中感条锈病，高感叶锈病、白粉病、赤霉病和纹枯病。籽粒蛋白质含量12.0%，湿面筋含量34.0%，沉降值30.5mL，吸水率66.5%，稳定时间3.1min，面粉白度74.7。2008—2009年旱地组生产试验，平均亩产446.31kg，比鲁麦21号增产6.56%。适宜播期10月上旬，每亩基本苗15万株。注意防治病虫害，适宜旱肥地块种植。

7. 山农16

该品种半冬性，幼苗半匍匐。生育期238d，株高72.4cm，株型较紧凑，较抗倒伏，熟相好。亩最大分蘖108.6万个，亩有效穗39.3万个，分蘖成穗率36.2%。穗粒数35.2粒，千粒重38.7g，容重767.9g/L。穗纺锤形，长芒，白壳，白粒，硬质，籽粒较饱满。抗旱性较好。慢条锈病，高抗秆锈和纹枯病，中感白粉病，高感赤霉病。籽粒蛋白质含量12.2%，湿面筋含量29.1%，沉降值22.7mL，吸水率60.5%，稳定时间3.4min，面粉白度75.4。2006—2007年旱地组生产试验，平均亩产399.49kg，比对照品种鲁麦21号增产7.34%。适宜播期为10月上旬，适宜基本苗每亩15万株。适宜在山东全省旱肥地块种植。

8. 山农20

该品种半冬性，中晚熟。幼苗匍匐，分蘖力较强，成穗率中等。冬季抗寒性好。春季起身拔节偏迟，春生分蘖多，但抗倒春寒能力较差。株高78cm左右，株型较紧凑，旗叶短小、上冲、深绿色。茎秆弹性一般，抗倒性一般。熟相较好，对肥水敏感。穗层整齐。穗纺锤形，长芒，白壳，白粒，籽粒半角质、卵圆形、均匀、较饱满、有光泽。高感赤霉病，中感条锈病和纹枯病，慢叶锈病，白粉病免疫。亩穗数43.2万～45.8万个，穗粒数32.9～31.8粒，千粒重43.1～40.2g，属多穗型品种。籽粒容重808g/L，硬度指数67.7，蛋白质含量13.3%，面粉湿面筋含量29.7%，沉降值30.328mL，吸水率59.8%，稳定时间2.9min，最大抗延阻力266E.U.，延伸性14.8cm，拉伸面积56cm²。2009—2010年生产试验，平均亩产505.1kg。适宜在黄淮冬麦区南片的河南（南阳、信阳除外）、安徽北部、江苏北部、陕西关中地区高中水肥地块早中茬种植。播种期在10月上中旬，每亩适宜基本苗15万～20万株。生产中注意防治条锈病、纹枯病、赤霉病。春季水肥管理可略晚，注意控制株高，防止倒伏。

9. 冀5265

该品种以冀5006为母本、9204为父本经有性杂交系统选育而成。属半冬性中晚熟品种。幼苗匍匐，分蘖力强，成穗率中等。株高73cm左右，抗倒性好，株型半紧凑，旗叶宽，干尖重，茎秆弹性好。穗纺锤形，长芒，白壳，白粒，籽粒角质、饱满。亩穗数41.4万个，穗粒数36.4粒，千粒重40.4g，籽粒容重813g/L，产量在530kg/亩左右。该品种蛋白质含量14.83%，面粉湿面筋含量33.5%，沉降值28.4mL，吸水率56.5%，稳定时间2.6min，最大抗延阻力156E.U.，延伸性18.2cm，拉伸面积42cm²。该品种抗寒性好，中抗赤霉病，中感纹枯病，中感至高感叶锈病，高感条锈病和白粉病。适宜播种期为10月上旬，每亩适宜基本苗18万～20万株，适宜在黄淮冬麦区北片的山东、河北中南部、山西南部高中水肥地块种植。

10. 石麦15

该品种以冀麦38为母本、92R137为父本进行有性杂交，并应用快速繁殖育种技术在F₁代以冀麦38为父本回交，连续回交4代，后经连续3年田间异地定向选育而成。石麦15属半冬性品种，全生育期243d左右。幼苗半匍匐，叶片绿色，分蘖力较强。成株株型紧凑，旗叶上冲，株高75.7cm左右，较抗倒伏。穗纺锤形，短芒，白壳，白粒，硬质，籽粒较饱满。亩穗数42.7万个左右，穗粒数32.0粒，千粒重37.4g，籽粒容重770g/L。该品种蛋白质含量13.49%，沉降值13.5mL，湿面筋含量30.0%，吸水率57.1%，形成时间1.8min，稳定时间1.8min。该品种抗旱性表现突出，高感条锈病，中抗叶锈病和白粉病。适宜播期为10月上旬，高肥水条件下播种量7.5～8.5kg/亩，中肥水条件下播种量8.5～9.5kg/亩，半干旱地播种量10～11kg/亩，晚播适当加大播量。

11. 邯00-7086

该品种以邯93-4572为母本、山农大91136为父本经有性杂交系统选育而成。属半冬性中熟品种。幼苗半匍匐，分蘖力中等，成穗率高。株高75cm左右，较抗倒伏，株型略松散，孕穗期叶片稍大，叶披，成熟落黄好。穗较长，小穗排列稀，结实性好。穗纺锤形，长芒，白壳，白粒，硬质，籽粒均匀，外观商品性好。平均亩穗数38.4万个，穗粒数37.9粒，千粒重38.3g，籽粒容重800g/L，产量在550kg/亩左右。该品种蛋白质（干基）含量13.98%，湿面筋含量30.7%，沉降值35.8mL，吸水率58.2%，稳定时间7.6min，最大抗延阻力352E.U.，拉伸面积72cm²。该品种抗寒性较好，中抗条锈病，中感纹枯病，高感叶锈病、白粉病和秆锈病。适宜播种期10月上中旬，每亩基本苗10万～15万株，适宜在黄淮冬麦区北片的山东、河北中南部、山西南部、河南安阳和濮阳中高水肥地种植。

12. 淮麦26

该品种穗纺锤形，长芒，白壳，白粒，籽粒硬质—半硬质，结实性好。全生育期231d，较对照淮麦18迟半天。株高87.5cm，每亩有效穗39.4万个，每穗33.0粒，千粒重41.9g。中感赤霉病，感纹枯病，中抗白粉病，中抗梭条花叶病毒病。容重807g/L，粗蛋白质含量14.8%，湿面筋含量32.7%，稳定时间6.4min。2008—2009年生产试验平均亩产514.1kg，较对照淮麦18增产6.1%。其适宜在江苏省淮北麦区种植，适宜播期为10月上旬至10月下旬，最适播期为10月10—25日，播期内每亩基本苗13万株左右。

13. 扬麦22

该品种为春性品种，成熟期比对照扬麦158晚熟1～2d。幼苗半直立，叶片较宽，叶色深绿，长势较旺，分蘖力较好，成穗数较多。株高平均82cm。穗层较整齐，穗长方形，长芒，白壳，红粒，粉质，籽粒较饱满。平均亩穗数30.4万～33.8万个，穗粒数38.5～39.8粒，千粒重38.6～39.6g。高抗白粉病，中感赤霉病，高感条锈病、叶锈病、纹枯病。籽粒容重778～796g/L，蛋白质含量13.70%～13.73%，硬度指数52.7～56.8。面粉湿面筋含量24.6%～30.6%，沉降值24.6～34.0mL，吸水率58.5%～54.9%，面团稳定时间1.4～4.5min，最大抗延阻力170～395E.U.，延展性

151～156mm，拉伸面积38.4～81.5cm²。2011—2012年生产试验，平均亩产449.9kg。适宜在10月下旬至11月上旬播种，亩基本苗16万株左右，适宜在长江中下游冬麦区的江苏和安徽两省淮南地区等种植。

（三）弱筋小麦品种

弱筋小麦胚乳为软质，小麦粉筋力较弱，适用于制作馒头、蛋糕、饼干等食品。籽粒容重≥770g/L，籽粒蛋白质（干基）含量<12.5%或面粉湿面筋含量（14.0%水分基）<26.0%，面团稳定时间<3.0min。

1. 鲁麦21

该品种弱春性，中熟。幼苗半匍匐，分蘖力强，苗期长势旺，春季起身慢，次生分蘖多，拔节抽穗迟，后期生长快，成穗率偏低。株高85cm左右，株型较紧凑，旗叶宽长、上冲、长相清秀。穗黄绿色，穗近长方形，长芒，白壳，白粒，籽粒半角质，饱满度好，粒较小，黑胚率较低。平均亩穗数39.9万个，穗粒数39.3粒，千粒重35.2g。冬季抗寒性好，较耐倒春寒，抗倒性较好，耐后期高温，熟相较好。叶锈病免疫，中抗条锈病、赤霉病，慢秆锈病，中感纹枯病，高感白粉病。容重802g/L，蛋白质（干基）含量12.81%，湿面筋含量28%，沉降值28.4mL，吸水率58.8%，稳定时间3.0min。生产试验平均亩产534.9kg。适宜播期为10月中下旬，每亩适宜基本苗15万～18万株。注意防治白粉病和赤霉病。

2. 烟农18

该品系为半冬性。幼苗半匍匐，分蘖力强，成穗率高，叶宽而披散，具蜡被，抗白粉，抗叶锈病、条锈病和秆锈病，耐根病，落黄较好，耐旱能力强，旱水比系数为0.95，株高87cm，长方形大穗，长芒，白壳，白粒，籽粒半角质，千粒重45g，容重810g/L。分蘖力强，成穗率高，产量潜力大。旱地生产平均亩产418.36kg。在施足底肥条件下，春季一般不再追肥，到拔节中后期麦田内若有缺肥现象，应抓住雨前有利时机，追施尿素5kg。在10月1日前后播种的，亩播量基本苗为10万～15万株，播期推迟，播量应适当加大。本品种适宜在旱地种植，整个生育期中都可不浇水。

3. 扬麦13

该品系春性，中早熟，全生育期210d左右。幼苗直立，长势旺盛，株高85cm，茎秆粗壮，植株整齐。长芒，白壳，红粒，粉质。大穗大粒，分蘖力中等，成穗率高，每亩有效穗28万～30万个，穗粒数40～42粒，千粒重40g。灌浆速度快，熟相好。抗白粉病，纹枯病轻，中感—中抗赤霉病，耐肥抗倒。粗蛋白质（干基）含量

10.24%，湿面筋含量19.7%，沉降值23.1mL。吸水率54.1%，稳定时间1.1min。适宜在长江下游麦区沙土、沙壤土地区推广应用，在江苏淮南麦区可推广种植。

4. 宁麦13

该品系春性，全生育期210d左右。幼苗直立，叶色浓绿，分蘖力一般，两极分化快，成穗率较高。株高80cm左右，株型较松散，穗层较整齐。穗纺锤形，长芒，白壳，红粒，籽粒较饱满，半角质。平均亩穗数31.5万个，穗粒数39.2粒，千粒重39.3g。抗寒性比对照扬麦158弱，抗倒力中等偏弱，熟相较好。中抗赤霉病，中感白粉病，高感条锈病、叶锈病、纹枯病。2004年、2005年分别测定混合样，容重790g/L、798g/L，蛋白质（干基）含量12.50%、12.44%，湿面筋含量27.1%、25.8%，沉降值36.2mL、35.7mL，吸水率59.4%、58.9%，稳定时间5.7min、6.1min，最大抗延阻力295E.U.、278E.U.。2005—2006年生产试验，湖北、安徽、江苏、浙江4省平均亩产400.01kg，比对照扬麦158增产12.31%；河南信阳点平均亩产443.7kg，比对照豫麦18增产19.5%。其在江苏苏南地区的播期以10月底为宜，江淮之间的播期以10月25日至10月底为宜；适期密植，建立优质高产群体结构，每亩基本苗以15万左右为宜。

5. 扬麦15

该品种春性，早中熟，熟期与扬麦158相当。株型紧凑，株高80cm左右，抗倒性强。每亩有效穗数30万个左右，穗棍棒形，长芒，红粒，每穗36粒左右，千粒重42g左右。中抗纹枯病，中感白粉病、赤霉病。品质优良。2003年全国优质专用小麦食品鉴评，在饼干组中超过对照美国软红麦。2003年，农业部谷物品质监督检验测试中心检测结果，粗蛋白质（干基）含量9.78%，湿面筋含量（14%水分基）含量22%，容重796g/L，沉降值18.8mL，吸水率53.2%，稳定时间0.9min，达到国家优质弱筋小麦的标准，适宜作为优质饼干、糕点专用小麦生产。平均亩产500kg左右。作为优质弱筋专用小麦，该品种适宜在长江下游麦区沙土、沙壤土地区推广应用。适宜播期范围为10月下旬至11月初，最佳播期在10月24—31日，亩基本苗以14万～16万苗为宜。

6. 扬麦13

该品系为春性，中早熟，熟期与扬麦158相当。幼苗直立，长势旺盛，植株整齐，株高85～90cm，茎秆粗壮，分蘖力中等，成穗率高，灌浆速度快。长芒，白壳，籽粒红皮粉质。大穗大粒，亩有效穗28万～30万个，每穗结实粒数40～42粒，千粒重40.0g，容重800g/L左右。抗白粉病、纹枯病，中感、中抗赤霉病，耐肥抗倒，耐寒、耐湿性较好。水分9.7%，粗蛋白质（干基）含量10.24%，容重796g/L，湿面筋含量19.7%，沉降值23.1mL，吸水率54.1%，形成时间1.4min，稳定时间1.1min，达到国家优质弱筋小麦的标准，适宜作为优质饼干、糕点专用小麦生产。2003年9月全国优质专用小麦食品鉴评，扬麦9号、扬麦13分别在弱筋小麦食品蛋糕、饼干组的综合评分中列居首位，超过对照品种美国软红冬小麦。为保持弱筋的特点，实现优质高产，其播种期应在适期范围内早播，冬前实现较多的蘖，以壮苗越冬。每亩基本苗16万～18万株，亩穗数28万个左右。2002年生产示范平均亩产476.2kg。

7. 农麦126

农麦126属春性品种，全生育期198d，幼苗直立，叶片较宽，叶色淡绿，分蘖力较强。株高88cm，株型较紧凑，茎秆弹性好，抗倒性较好。旗叶平伸，穗层较整齐，熟相较好，穗纺锤形，长芒，白壳，红粒，籽粒角质，饱满度较好。亩穗数30.4万穗，穗粒数37.1粒，千粒重41.3g。2014年、2015年，农业部谷物及制品质量监督检验测试中心（哈尔滨）对农麦126测定结果，籽粒容重770g/L、762g/L，蛋白质含量11.65%、12.85%，湿面筋含量21.3%、24.9%，稳定时间2.1min、2.6min。适宜长江中下游冬麦区的江苏淮南地区、安徽淮南地区、上海、浙江、湖北中南部地区、河南信阳地区种植。适宜播期为10月下旬至11月上旬。亩基本苗应控制在15万～17万株为宜，亩穗数不低于32万个。

8. 扬麦9号

该品种春性，幼苗半直立，生长清秀，叶色绿但略淡于扬麦158。分蘖出生早，分蘖力强，成穗率高，一般亩有效穗30万个以上。矮秆，株高80cm左右，株型紧凑，茎秆中粗，基部节间短，耐肥抗倒。穗近长方形，籽粒饱满，容重高，穗大粒多，籽粒着实密，穗粒数40粒，千粒重40g左右。中抗赤霉病，中感白粉病、纹枯病。作为弱筋小麦，扬麦9号面团形成时间和稳定时间分别为1.3min和1.7min，均优于饼干专用粉的1.4min和1.9min，仅面团的衰减度略逊于饼干专用粉。亩有效穗数30万个以上。

二、种子质量要求

优良种子是小麦生产中获得高产、稳产的基础。种子质量一般包括纯度、净度、发芽率、种子活力、水分、千粒重、健康度、优良度等。目前，我国种子分级所依据的指标主要指种子净度、发芽率和水分，其他指标不作为分级指标，只作为种子检验的内容。

（一）品种纯度

小麦品种纯度是指一批种子中本品种的种子数占供检种子总数的百分率。品种纯度高低会直接影响小麦良种优良遗传特性能否得到充分发挥和持续稳产、高产。小麦原种纯度标准要求不低于99.9%，良种纯度要求不低于99%。

小麦品种纯度鉴定可分为形态鉴定法和快速测定法。形态鉴定法是从种子形态特征来观察和鉴别，要有标准的样品。快速测定法又分为苯酚染色法和氢氧化钠测定法。苯酚染色法是将小麦种子在清水中浸泡18～24h，用滤纸吸干表面水分，放入垫有已经用1%苯酚溶液湿润滤纸的培养皿中（腹沟朝下），在室温下，小麦保持4h后观察小麦染色情况，通常颜色分为5级，即浅色、淡褐色、褐色、深褐色和黑色。将与基本颜色不同的种子取出作为异品种。小麦种子红白皮（尤其是经过杀菌剂处理的种子）不宜区分时，可用氢氧化钠测定法鉴定，将小麦种子先用95%（V/V）甲醇浸泡15min，然后让种子干燥30min，在室温下将种子浸泡在5mol/L氢氧化钠溶液中5min，然后将种子移至培养皿中，不可加盖，让其在室温下干燥，根据种子浅色和深色加以计数。

品种纯度（%）=（供检种子数−异品种种子数）÷供检种子数×100

（二）种子净度

种子净度是指种子清洁干净的程度，具体到小麦来讲是指样品中除去杂质和其他种子后，留下的小麦净种子重量占分析样品重量的百分率，小麦原种和良种种子的净度不低于98%。

种子净度分析应按《农作物种子检验规程　净度分析》（GB/T 3 543.3—1995）规定的方法，从检测的样品中称取一定重量，以克表示。根据种子明显特征，对称取的试样进行分离，分成净种子、其他作物种子和杂质3种成分，分别称重，计算百分率。

（三）种子发芽力

种子发芽力是指种子在适宜的条件下发芽并生长正常幼苗的能力，常采用发芽率和发芽势表示，是决定种子质量优劣的重要指标之一，在拌种前和播种前应做好发芽试验，根据种子发芽率的高低计算播种量，既可以防止劣种下地，又可以保证田间苗齐、苗全，为小麦高产打下良好基础。

种子发芽率是指在适宜的温度和水分条件下，发芽试验终期（7d内）长成的全部正常幼苗数占供试种子总数的百分率。种子的发芽率越高，表示有生活力的种子数越多，播种后成苗率高，小麦原种和良种的发芽率不低于85%。

种子发芽势是指在适宜的温度和水分条件下，发芽试验初期（3d内）长成的全部正常幼苗数占供试种子总数的百分率。种子发芽势越高，表明种子发芽出苗迅速、整齐、活力高。

（四）种子活力

种子活力是种子发芽和出苗率、幼苗生长的潜势、植株抗逆能力和生产潜力的总和，是种子品质的重要指标。高活力的种子，发芽迅速、出苗整齐，可以逃避和抵抗病虫害，同时由于幼苗健壮、生长旺盛，具有和杂草竞争能力；反之，出苗能力弱，受田间不良环境影响大。长期以来都用发芽试验检验种子的质量，生产实践表明，实验室的发芽率与田间的出苗率之间往往存在很大差距。遗传性决定种子活力强度的可能性，发育程度决定活力程度表现的现实性，贮藏条件则决定种子活力下降的速度。种子活力是一项综合性指标，受种子的遗传基础、种子成熟程度、种子大小、种子水分含量、种子机械损伤和种子成熟期的环境条件影响，还受收获、加工、贮藏和萌发过程中外界条件的影响。

（五）种子水分

小麦种子收获到播种要经历高温高湿的夏季，种子水分含量过高会影响播种质量。种子含水量是种子检验项目和种子质量指标之一。种子内所含水包括游离水、束缚水和化合水3种。种子水分测定的主要对象是游离水。小麦种子含水量国家标准为12%，在种子入仓时如遭连续阴雨或灾害性气候，最多也不能超过13.5%。如果是散装种子，数量较大，首先划分种子批，后进行扦样，即在仓库四角（距边10～20cm处）、中间计5点，上、中、下3层（上下距面、底20cm处），合计15点，扦取样品后按规定的操作方法测定水分。袋装种子，在划分种子批后，按5点式或棋盘式方法扦取样品测定水分取样后用烘箱烘干（100～105℃，约8h），其计算公式为：

种子含水量（%）=（干燥前供检种子质量−干燥后供检种子质量）/干燥前供检种子质量×100

三、种子精选与处理

小麦生产的种子准备应包括种子精选和种子处理等环节，是小麦生产中不可缺少的步骤。

（一）种子精选

在选用优良品种的前提下，种子质量的好坏直接关系出苗与生长整齐度，以及病虫草害的传播蔓延等问题，对产量有很大影响。实施大面积小麦生产，必须保证种子的饱满度好，均匀度高，这就要求必须对播种的种子进行精选。精选种子一般应从种子田开始。

1. 建立种子田

种子田就是良种供应繁殖田。良种繁殖田所用的种子必须是经过提纯复壮的原种，使其保持良种的优良种性，包括良种的特征特性、抗逆能力和丰产性等。种子田收获前还应进行严格的去杂去劣，保证种子的纯度。

2. 精选种子

对种子田收获的种子要进行严格的精选。目前精选种子主要是通过风选、筛选、泥水选种、精选机械选种等方法，通过种子精选可以清除杂质、瘪粒、不完全粒、病粒及杂草种子，以保证种子的粒大、饱满、整齐，提高种子发芽率、发芽势和田间成苗率，有利于培育壮苗。

（二）种子处理

小麦播种前为了促使种子发芽出苗整齐、早发快长以及防治病虫害，还要进行种子处理。种子处理包括播前晒种、药剂拌种和种子包衣等。

1. 播前晒种

晒种一般在播种前2~3d，选晴天晒1~2d。晒种可以促进种子的呼吸作用，提高种皮的通透性，加速种子的生理成熟过程，打破种子的休眠期，提高种子的发芽率和发芽势，消灭种子携带的病菌，使种子出苗整齐。

2. 药剂拌种

药剂拌种是防治病虫害的主要措施之一。生产上常用的小麦拌种剂有50%辛硫磷，使用量为每10kg种子20mL；2%戊唑醇，使用量为每10kg种子10~20g；15%三唑酮，使用量为每10kg种子20g，可有效防治地下害虫和小麦病害。

3. 种子包衣

把杀虫剂、杀菌剂、微肥、植物生长调节剂等通过科学配方复配，加入适量溶剂制成糊状，然后利用机械均匀搅拌后涂在种子上，称为包衣。包衣后的种子晾干后即可播种。使用包衣种子省时、省工、成本低、成苗率高、有利于培育壮苗，增产比较显著。一般可直接从市场购买包衣种子，生产规模和用种较大的农场也可自己包衣，可用2%咯菌腈作为小麦种子包衣的药剂，使用量为每10kg种子拌药10~20mL。

第二节　肥料施用

土、肥、水、温、光、气是作物生长的基本条件，小麦的产量取决于产量形成过程中小麦品种和诸多因素的相互作用状态，无论高产田、中产田，还是低产田，都存在如何改善条件和改进栽培技术来获得小麦高产高效的问题。通过肥料的合理配施可以改善土壤肥力状况，从而提高小麦产量，提高农民经济效益。

一、小麦的需肥规律

小麦的正常发育需要吸收碳、氮、氢、氧、钾、磷、钙、镁、硫等大量元素和铁、锰、硼、锌、铜、钼等微量元素。其中碳、氢、氧占小麦植株干重的95%左右，主要是从空气和水中吸收，而氮、磷、钾等元素则需要从土壤中吸收，靠土壤养分来供给。高产小麦具有如下需肥特性：一是氮素的临界期。氮素的临界期在幼穗分化的四分体期和分蘖期，如果在这两个时期氮素营养不能进行有效的供给，会导致小麦发育不良，进而影响小麦的产量。二是磷素的营养期限。磷素的营养需求期主要集中在小麦的三叶期，小麦吸收磷素的有效时期主要在拔节孕穗期，此时应适当施用磷肥，以确保幼穗发育。三是钾素的临界期。钾素的临界期在拔节期，小麦通过钾元素来增长茎秆，此期应适当施用钾肥，防止后期叶片早衰，保证穗粒大小，达到预期的产量。

小麦每形成100kg的籽粒，需从土壤中吸收氮素（N）2.5~3kg，磷素（P_2O_5）1~1.7kg，钾素（K_2O）1.5~3.3kg，氮、磷、钾比例为3:1:3。由于各地气候、土壤、栽培措施、品种特性等条件不同，小麦产量也不相同，因而对氮、磷、钾的吸收总量和每形成100kg籽粒所需养分的数量也不尽相同。不同地区的小麦在不同生育期吸收氮、磷、钾养分的规律基本相似。一般氮的吸收有两个高峰，一是从出苗到拔节阶段，吸收氮量占总吸收量的40%左右；二是拔节到孕穗开花阶段，吸收氮量占总量的30%~40%。小麦拔节至孕穗、抽穗期，植株从营养生长过渡到营养生长和生殖生长并进的阶段，是小麦吸收养分最多的时期，也是决定麦穗大小和穗粒数多少的关键时期。因此，适期施拔节肥，对增加穗粒数和提高产量有明显的作用。小麦在抽穗至乳熟期，仍应保持良好的氮、磷、钾营养，以延长上部叶片的功能期，提高光合效率，促进光合产物的转化运转，有利于小麦籽粒灌浆、饱满和增重。小麦后期缺肥，可结合病虫害防治喷施叶面肥或植物生长调节剂。

二、小麦的合理施肥

合理施肥是指通过施肥手段调控土壤养分，培肥地力，经济有效地满足小麦高产对肥料的需求。研究表明，施肥对小麦增产的贡献率小于土壤基础肥力对产量的贡献率，提高小麦产量的基本途径是通过合理施肥来培肥地力实现的。小麦是需肥较多的作物，不同生育期吸收氮、磷、钾养分的吸收率不同，各生育阶段的施肥技术也不同。

（一）培肥地力

培肥地力应以有机肥为主，辅之适量的化肥，有机肥源充足的地区，应以有机肥（秸秆还田）为主，有利于增加土壤有机质，改善土壤结构，提高土壤持续供肥能力。

（二）施足基肥

小麦生产中，基肥施用量在总施肥量中占比达到50%~70%，在小麦播种前将基肥施入，主要为有机肥，适当搭配速效性、持效性肥料。底肥能保证小麦苗期生长对养分的需要，促进其早生快发，使麦苗在冬前长出足够的健壮分蘖和强大的根系，并为春后生长打下基础。底肥的数量应根据产量要求、肥料种类、性质、土壤和气候条件而定。底肥应以有机肥料为主，适量配合施用氮、磷、钾等化学肥料，随着科技的不断进步，许多地区使用比例适中的复合肥。一般施农家肥1 000~1 500kg/亩，复合肥30~50kg/亩。

（三）合理使用种肥

小麦播种时用适量速效氮、磷肥作种肥，能促进小麦生根发苗，提高分蘖，增加产量，对晚茬麦和底肥不足的麦田有显著的增产效果。试验证明，施用硫铵拌种的可增产10%左右。氮肥作种肥一般施硫酸铵3kg/亩与尿素2.5kg/亩，碳酸氢铵因易挥发造成种子灼伤而不能作种肥。磷肥作种肥，可预先将过磷酸钙与腐熟的农家肥粉碎过筛后，制成颗粒肥与小麦种子混播；也可将过磷酸钙撒在土表后，浅耙与土混匀再行播种。磷酸钙用量一般为7.5~10kg/亩。麦田的土壤肥沃或底肥充足时，可以不施种肥。

（四）根据品质要求，合理配施比例

田间根据优质小麦强、中、弱筋不同，采用不同施肥比例可有效促进小麦高产

优质。一般而言，弱筋小麦一生用氮量控制在12～14kg，基蘖肥和拔节孕穗肥运筹比例为7：3，拔节孕穗肥在倒三叶时施用。弱筋小麦穗肥应控制氮肥使用。中筋小麦一生施纯氮量控制在14～16kg，基蘖肥和拔节孕穗肥运筹比例为6：4，拔节孕穗肥分别在倒三叶与倒二叶时施用。强筋小麦亩产500kg以上的田块，要求亩施优质土杂肥2 000～2 500kg、纯氮16～18kg、五氧化二磷6～7.5kg、氧化钾5～7.5kg，其中全部有机肥、磷肥、钾肥均作基肥。强筋小麦在生育后期对氮的需求较大，追肥要适当推迟到起身、拔节期。对群体较小的麦田重施起身肥，促进大蘖成穗，提高成穗率，促进穗分化，争取穗大粒多。对群体大小适中、个体生育健壮的麦田重施拔节肥。一般追施尿素10kg/亩。

三、适合小麦肥料种类

（一）有机肥

绝大多数有机肥都可用于小麦的种植，主要包括堆肥、沤肥、厩肥、沼气肥、绿肥、作物秸秆、饼肥、泥肥等。有机肥富含多种养分，养分释放速度慢，肥效长，主要用作小麦的底肥，在播种时穴施或条施。

（二）氮肥

我国北方冬小麦基本上全部种植在旱地土壤上，小麦对氮肥的吸收利用主要以铵态氮的形态，所以氯化铵、碳酸氢铵、尿素、硫酸铵、硝酸铵等都可用于小麦的生产中，底肥以尿素、长效碳氨、硫酸铵为好，追肥以速效的碳酸氢铵为好。另外，小麦属冬季作物，硝态氮肥（硝铵）也可以应用。值得说明的是这些氮肥种类可兼作底肥和追肥施用。尿素含氮量高，但是含有缩二脲，影响种子萌发和幼苗生长，一般不宜与种子混合播种；硫酸铵的吸湿性小，容易溶解，适量使用对种子萌发和幼苗生长无不良影响，适合作小麦种肥，可直接与种子混合播种。

（三）磷肥

我国土壤存在缺磷现象，播前施用磷肥是提高小麦产量的重要途径之一，一般选用钙镁磷肥、过磷酸钙、磷酸二铵、磷酸二氢钾等。钙镁磷肥不易潮解，不结块，对种子没有腐蚀性，施入土壤后，不易流失，容易被土壤中的酸和作物根系分泌的酸分解，为作物吸收利用，宜作小麦种肥，用量为5～10kg/亩，也可拌种施用。过磷酸钙容易溶解，多集中在施肥点0.5cm的范围内，含有游离酸，具有腐蚀性，容易吸湿结块，施入土壤后，易被土壤化学固定降低磷肥肥效，不能与种子接触，不宜用作种肥，条施5~7.5kg/亩，与5~10倍的腐熟有机肥混施。磷酸二铵是以磷肥为主的氮、磷二元复合肥，用量为5~3kg/亩。磷酸二氢钾是磷、钾二元复合肥，可以改善小麦苗期磷钾营养，促进根系下扎，有利于苗全苗壮。可以拌种，用磷酸二氢钾500g，兑水5kg，溶解后拌麦种50kg，拌匀堆闷6h后播种；还可以浸种，将选好的麦种放入0.5%的磷酸二氢钾溶液中，浸泡6h，捞出晾干后播种。

（四）钾肥

钾元素在植物体内几乎都以离子态存在，主要起催化剂作用。施用钾肥能促进碳水化合物的形成与转化，使叶中的糖分向生长器官运输，促进蛋白质合成，促进氨基酸向籽粒中运转的速率，同时也增大了氨基酸转化为籽粒蛋白质的速度，从而使蛋白质含量提高。在氮、磷供应较充足时，增施钾肥对籽粒产量和品质都是有益的，氮、磷充足时，钾肥才能发挥肥效。生产上一般使用的钾肥为氯化钾、硫酸钾和硝酸钾为主，一般作为底肥施用，硝酸钾为5~10kg/亩。总之，氮、磷、钾适当配比施用，对提高小麦产量和品质有很大作用。

第三节　耕作与整地

一、麦田土壤要求

小麦植根于土壤，土壤中水、肥、热直接影响根系的生长发育及其活力，进而影响地上部植株生长及产量和品质。土壤条件对小麦品质的影响几乎与气候因素同样重要。一般认为，土壤类型、土壤质地和土壤肥力等因子均对籽粒品质产生较大的影响。

（一）土壤的松紧度、酸碱度和含盐量

土壤松紧适中，孔隙适宜，水、肥、气、热因素比较协调，具有较好的保水保肥能力，养分含量高，供肥能力强，耕性好，有利于小麦的根系生长和产量形成。沙质土壤结构松散，水、肥、气、热等因素协调差，土壤中沙粒含量高，孔隙较多，温度变化幅度大，保肥保水能力差，养分含量低，供肥能力弱，限制了小麦的生长发育

和产量的提高。黏质土壤，结构紧密，遇涝则土壤透气性差，造成闷苗，遇旱则土壤收缩龟裂，拉断根系，也不利于小麦高产。土壤的活土层在25～40cm，处于松而不散、黏而不紧的状态最适于小麦的生长。

土壤的酸碱性和含盐量对小麦的生长影响很大。小麦正常生长要求的pH值6～7，近于中性；超出此范围，小麦的生长受到抑制，严重的会导致死苗。

（二）深厚的土层

在土体剖面构造自上而下的耕作层、犁底层、心土层和底土层中，深厚的耕作层是获得小麦丰产的重要土壤因素。小麦的根系有60%～70%分布在该层，这一层的有机质含量、结构、松紧状况对小麦的生长发育影响很大。土层过浅，保水保肥能力差，不利于小麦高产。一般认为，土层厚度低于40cm时不适于种植小麦。

（三）肥沃的土壤

土壤的有机质含量与小麦产量密切相关。据调查统计，山东省高产地块土壤有机质含量大都在1%以上。有机质所含养分比较全面，其中的腐植酸、胡敏酸类能促进作物生长发育，活化土壤中微生物释放土壤中的矿质营养。腐殖质还能促进团粒结构的形成和各种矿物质的溶解，改善土壤的理化性质，加速养分的转化。有机质含量的高低一般与土壤肥力水平相一致，土壤供肥能力主要指速效养分供应的数量和持续时间，供肥能力强的土壤表现肥劲大而平稳，是小麦高产稳产的重要物质基础，也是持续高产的可靠保证。

二、麦田耕作方式

耕作和培肥是影响小麦生长发育和产量形成的重要因素。土壤耕作是借助外部机械力调节土壤中的水、热、气和肥等因子，改变其物理化学性状，达到作物高产的一项重要措施。

（一）少耕

少耕是指在一定的生产周期内合理减少耕作次数或增大耕作间隔，从而减少耕作面积的耕作法。在季节间、年间轮耕，减少中耕次数或免中耕等都属少耕的范畴。从20世纪50年代起，各国提出了多种类型的少耕法。如保留翻耕环节的少耕方法有去掉耙耱环节、翻后直接播种、保留耙耱环节、去掉中耕等；免去翻耕环节的少耕法有深松代翻耕、以旋耕代翻耕、间隔带状耕种、连年耙地、旋耕、垄作等。我国的松土播种法就是采用凿形犁或其他松土器进行平切松土，然后播种。带状耕作法是把耕翻局限在行内，行间不耕地，作物残茬留在行间。国外的少耕法包括耕播法、耕后播种法、轮迹播种法、带状播种法、耙茬播种、局部深松代替耕翻、旋耕代替耕翻等。

（二）免耕

免耕又称零耕、直接播种。指作物播前不用犁、耙等整理土地，直接播种，作物生育期间不使用农具进行土壤管理的耕作方法。国外的免耕一般由3个环节组成，利用前作残茬或播种牧草作为覆盖物；采用联合作业免耕播种机开沟、喷药、施肥、播种、覆土、镇压一次完成作业；采用化学药剂防治病、虫、杂草。

免耕和少耕法具有以下几个特点：一是地面残茬覆盖可以减轻雨水对土壤的直接冲击，减少地面径流和水土流失，减少地面蒸发，降低风速，抗御风沙危害；二是与传统耕作法相比，用先进的机具代替传统耕作的机具和耕作，如用免耕播种代替传统的犁、耙等多种农具和作业，实行一机或一次完成多项作业，可以减少机具进地次数，可减轻农机具对土壤的压实和对土壤结构的破坏程度；三是用除草剂、杀虫剂、杀菌剂代替土壤耕作防草和防病虫害，降低人力成本，可以有效节约能源，降低生产投资；四是依靠作物根系和蚯蚓使土壤疏松，即利用生物代替土壤耕作来维持一定的土壤耕层结构，并增加有机质和水稳性团粒，免耕法的耕层紧实度比较适宜，减缓了土壤有机物质的矿化率，有利于有机质的积累和作物根系的生长；五是做到不违农时，扩大了复种面积。美国在应用免耕法之后，一年两熟的面积向北纬推进了两度。

免耕法（或少耕法）节约劳力、动力、机具与燃油的消耗，降低了生产成本，提高了劳动生产率，节约了耕作时间，减少了因耕作造成的土壤养分丢失，地面覆盖加上土壤紧实，减少了土壤侵蚀量，降低了土壤物质的消耗。少耕免耕也存在一些问题，如残茬覆盖地面，土壤温度偏低，对寒温带和温带地区的春播作物出苗和冬作物的苗期生长不利，且作物秸秆覆盖物在分解时，产生一些带苯环的有毒物质，抑制微生物的活性，在一定程度上影响作物的生长。同时，免耕法病虫害较多，多年生杂草不易根除。

（三）深耕

深耕是利用拖拉机带动犁具将深层土壤翻到地表的过程，目的是打破犁底层、增加土壤透气性、减少病虫害以及增加土壤的蓄水能力等，一般来说深耕是耕地整地的基础。

深耕深翻能够破除犁底层，加深耕层，改善土壤理化性状，降低容重，增加孔隙度，使水肥库容增加，促进土壤养分分解，从而提高土壤肥力。深耕还能减少杂草和病虫为害，扩大根系伸展范围，促进小麦根系生长发育，防御后期早衰和倒伏。对于土层深厚的水浇麦田，深耕在于打破犁底层；对于土层较薄的山丘地，通过深耕可以加深活土层。由于深耕易打乱土层，降低当季土壤肥力，耕层失墒过快；土壤过松，影响麦苗生长；在干旱年份播前深耕易影响苗全、苗壮，并且费工费时和延误播期；深耕能源消耗较多，生产上常出现深耕地当季减产的实例，所以深耕必须因地制宜，最好采用大型拖拉机或小拖带双铧犁进行深耕，以确保耕翻的深度达到要求。

深耕后效一般可维持2~3年，可以每隔2~3年深耕一次，这样既可防止犁底层形成，又节约成本。水稻茬麦田插稻前大多进行了深耕，一般采用旋耕即可，这样做既省工，又利于加快整地进度，实现抢时播种。深耕要结合增施肥料，肥料多时，应尽量分层施肥，在深耕前铺施一部分，浅耕翻入耕作层；若肥料少，在深耕后铺肥，再浅耕掩肥。深耕的适宜深度为25cm左右。

（四）旋耕

旋耕是利用拖拉机带动旋耕机对土壤进行旋耕处理。通过旋耕机的旋耕齿，将10~15cm深的表层土壤旋转、打碎，达到疏松表层土壤的目的。

旋耕分为原茬旋耕和翻后旋耕。原茬旋耕所能作业的深度较小，一般在10cm左右只能松动表层土壤，对深层土壤无作用，如果长期表层旋耕，旋耕齿的转动会造成犁地层过浅，不利于根系生长的情况，且土壤深层的黏重结构会越来越严重。翻后深耕是在翻耕后进行旋耕。通过将垡块打碎、打散，达到起垄或者播种以及利于平底的目的。一般翻后旋耕多用在春季起垄播种作业之前或者收获后的秋季整地作业，达到封墒、保水的目的。

（五）深松

深松是指通过拖拉机牵引深松机具，疏松土壤，打破犁底层，改善耕层结构，增强土壤蓄水保墒和抗旱排涝能力的一项耕作技术。开展深松土地作业有利于农作物生长，是提高农作物产量的重要手段之一。深松作业，对拖拉机动力性和附着性要求较高。5行深松机一般应配备90马力（1马力≈735W）以上拖拉机，四轮驱动牵引效果更好。之所以要深松土地，在于实施农机深松整地作业，具有以下特点。

（1）深松可以加深耕层，打破犁底层，增加耕层厚度，能改善土壤结构，使土壤疏松通气，提高耕地质量。

（2）增强雨水入渗速度和数量，提高土壤蓄水能力，促进农作物根系下扎，提高作物抗旱、抗倒伏能力，经试验对比，深耕深松一次每亩耕地的蓄水能力达到10m³以上，土壤蓄水能力是浅耕的2倍，可使不同类型土壤透水率提高5～7倍，可促进作物增产40～70kg。

（3）深松不翻转土层，使残茬、秸秆、杂草大部分覆盖于地表，既有利于保墒，减少风蚀，又可以吸纳更多的雨水，还可以延缓径流的产生。削弱径流强度，缓解地表径流对土壤的冲刷，减少水土流失，有效地保护土壤。

（4）土地深松后，可增加肥料的溶解能力，减少化肥的挥发和流失，从而提高肥料的利用率。

（5）深松后可减少旋耕次数（一般旋耕一遍即可），减低成本。

（六）其他土地作业方式

耙耢、镇压与造墒耙耢可使土壤细碎，消灭坷垃，上松下实。目前，大部分麦田，细耙是最薄弱环节，大拖拉机深耕后，由于缺乏深耙机具，往往用旋耕耙作业，造成表层土碎发虚，而下部坷垃打不碎，耕层空，上虚而下不实，严重影响播种均匀度和幼苗生长发育，尤其是遇到旱年，不良作用尤为明显。

耙地次数以耙碎耙实、无明暗坷垃为原则，播种前遇雨，要适时浅耙轻耙，以利保墒和播种。对耕作较晚、墒情较差、土壤过于疏松的地块，播种前后可进行镇压，以沉实土壤，保墒出苗。但土壤过湿、涝洼及盐碱地不宜镇压。不同耕作措施必须保证底墒充足，并使表墒适宜，一般要保证土壤水分占田间最大持水量的60%～70%。

黏土地土壤含水量要达到20%～22%，壤土地18%～20%，沙壤土地16%～20%。因此，除千方百计通过耕作措施蓄墒保墒外，在干旱年份播种前土壤底墒不足时，要蓄水造墒，可在整地前灌水造墒，或整地作畦，再灌水造墒，待墒情适宜时耢锄耙地，然后播种，有些田块可以在前茬作物收获前浇水造墒，也可整地后串沟或作畦造墒。对于低洼地要注意排水放墒，防止产生渍害，烂籽烂苗。

水浇麦田要求地面平整，以充分提高灌水效率，并保证播种深浅一致，出苗整齐。为此要坚持整平土地，做到耕地前大整，耕地、作畦后小整。所谓地平，就是地面平整，既有利于机械化耕作，提高播种质量，同时还有利于灌水均匀，达到不冲、不淤、不积水、不漏浇的要求。畦子规格各地差异较大，原则上，畦长一般不超过50m，畦宽不超过10m。另外要考虑种植方式与播种机配套。

第三章　小麦播种

第一节　播种时期

一、播期确定的原则

（一）适期播种

一般冬性品种适期播种的日平均气温为16～18℃，半冬性品种为14～16℃。培育冬前壮苗，冬性和半冬性品种要保证冬前有效积温达550～600℃，同时还要考虑天气条件、肥力水平、病虫害和安全越冬等情况。一般鲁北、鲁西北地区适宜播期10月2—10日，鲁西南、鲁南地区适宜播期10月5—15日，鲁中山区适宜播期10月3—13日，鲁东半岛地区适宜播期10月1—10日。强筋小麦品种可适当晚播。

（二）合理播种量

合理播种量、适宜的基本苗是奠定高质量群体的基础，也是构建合理群体结构，协调群体与个体、小麦生长发育与环境条件关系的重要措施。分蘖能力强，成穗率高的品种，适当地减少播量，分蘖能力差、成穗率低的品种，适当的增加播量；播种早的播量适当减少，播种晚的适当增加播量；土壤水肥条件较好的地块基本苗宜稀，播量宜少；土壤水肥条件较差或是旱地麦田适当增加基本苗，播量适当增加。适期播种一般每亩的基本苗在12万～20万株。播种时日均气温低于15℃应适当推迟播种，每推迟播种1d，基本苗增加1万株左右。

（三）精细播种

用符合要求、质量合格的小麦播种机播种，并根据各地实际情况确定适宜播种行距，做到行距一致、播量精准、深浅一致，播种深度3~5cm，不漏播、不重播。带镇压器的播种机要做到随播随压，不带镇压器的播种机播种后要用镇压器镇压。要保证镇压的力度，确保镇压的质量，做到踏实土壤，减少土壤墒情散失，促进麦苗生长，培育冬前壮苗，扩大壮苗比例。

二、播期确定的方法

适宜的播期是指某一品种在某一区域能够安全、经济的获得最高产量的播种期。适期播种，主要目的是使小麦的各个生育阶段都处于相对适宜的环境条件下，避开或减轻不利环境因素如低温、高温或干旱的危害。

适宜播期的原则是要使小麦出苗整齐，出苗后有合适的积温，使麦苗在越冬前能形成壮苗。例如在北方冬麦区常说的壮苗标准是，三大两小五个分蘖（包括主茎一共5个单茎）、10条根、7片叶（一般为六叶一心），叶片宽厚颜色深，趴地不起身。

（一）根据小麦品种特性

冬性、弱冬性、春性品种要求的适宜播种期有严格区别。在同一纬度、海拔高度和相同生产条件下，春性品种应当晚播，冬性品种应适当早播。

（二）根据地理位置和地势

一般是纬度和海拔越高，气温越低，播期就应早一些，反之则应晚一些。大约海拔每增高100m，播期提早4d左右；同一海拔高度不同纬度，大体上纬度递减1°，播期推迟4d左右。

（三）根据冬前积温

积温即日平均气温0℃以上的温度总和。冬小麦冬前苗情的好坏，除水肥条件外，和冬前积温多少有密切关系。能否充分利用冬前的积温条件，取决于适宜播期的确定。在生产上要根据当年气象预报加以适当调整。播种期与温度密切相关，一般小麦种子在土壤墒情适宜时，播种到萌发需要50℃的积温，以后胚芽鞘相继而出，胚芽鞘每伸长1cm，约需要10℃，当胚芽鞘露出地面2cm时为出苗标准，如果播深4cm，种子从播种到出苗一共需要积温约为110℃（50℃+4×10℃+2×10℃），如果播深为3cm则出苗需要积温为100℃。在正常情况下，冬前主茎每生长一片叶平均需要70~80℃的积温，按冬前长6~7叶为壮苗的叶龄指标，需要420~560℃的积温，加上出苗所需要的积温，形成壮苗所需要的冬前积温为530～670℃，平均在600℃左右。按照常年的积温计算，冬前能达到这一积温的日期就是适宜播种期。如在北方冬麦区在秋分播种均为适期播种，在黄淮麦区在秋分至寒露初为宜，各地应根据当地的气温条件来确定。一般冬性品种掌握在日平均气温为17℃左右时就是播种适期，半冬性品种可掌握在14～16℃，春性品种为12～14℃，一般冬性品种可适期早播，半冬性、偏春性品种适当晚播，总之根据有效积温确定适宜播期，还要考虑到有关的土壤质地、肥力等栽培条件，进行适当调整。

适期播种可充分合理利用自然光热资源，是实现全苗、壮苗、夺取高产的一个重要环节。播种早了，苗期温度较高，麦苗生长发育快，冬前长势过旺，不仅消耗过多的养分，而且分蘖积累糖分少，抗寒能力弱，容易遭受冻害，同时早播的旺苗还容易感病。播种过晚，由于温度低，幼苗细弱，出苗慢、分蘖少（甚至无分蘖），发育推迟，成熟偏晚，穗小粒轻，造成减产。适期播种，可以充分利用秋末冬初的一段生长季节，使出苗整齐，生长健壮，分蘖较多，根系发育良好，越冬前分蘖节能积累较多的营养物质，为小麦安全越冬、提高分蘖成穗率和壮秆大穗打好基础。

第二节　播种量

小麦适宜的播种量是建立合理的丰产群体结构、协调好群体和单株发育的关键，也是最大潜能地发挥高产的前提。小麦播种量大，不仅会造成小麦拥挤、个体发育不良易导致冬季冻害的发生，而且会由于群体过大，小麦的病虫害和后期倒伏发生概率增高，反之，播种量相对较低的话，虽然麦穗较大，千粒重较重，但会制约着亩产量，降低小麦耐旱系数。小麦想要获得高产，就要做到一播全苗，达到苗齐、苗匀和苗壮，为明年小麦高产稳产创建合理的丰产群体。只有准确、灵活的掌握播种量才能达到这一要求。要根据地力和水肥条件确定目标产量，由目标产量确定每亩穗数，由每亩穗数确定适宜的基本苗数，然后根据基本苗数、品种的千粒重以及发芽率、田间出苗率计算出适宜的播种量。

一般情况下，根据地力和肥力，各类麦田的适宜的基本苗数为：精播高产田，成穗率高的品种每亩基本苗8万～10万株，成穗率低的品种每亩基本苗10万～12万株。弱筋小麦亩基本苗应比同期播种中筋小麦适当增加。半精量播种中产田，每亩基本苗14万～19万株，晚茬麦田每亩基本苗25万～30万株，独秆麦每亩基本苗40万～50万株。凡是地力、水肥条件好的取下线，反之取上线。

播种量的计算公式：

播种量（kg/亩）=基本苗（万/亩）×[千粒重（g）÷100÷发芽率÷田间出苗率]

注：发芽率不等于田间出苗率，田间出苗率一般为85%。

如每亩地计划基本苗为18万株，种子千粒重为43g，发芽率为90%，田间出苗率为85%，则每亩的播种量为：播种量（kg/亩）=18×（43÷100÷0.9÷0.85）=10.1kg。

第三节　播　深

播种质量的好坏除与品种的选择、播种的日期及播量、整地施肥有关外，还与播种的深浅息息相关。高产栽培的播种质量要求达到落籽均匀，深度适宜，深浅一致，无露籽、丛籽、深籽现象。具体深度随地区、土质、气候、土壤墒情等有一定差异。播种深度一般掌握在3～5cm为宜。小麦播种好不好关系到能不能早出苗及一播全苗，因此，小麦播种质量好是小麦高产栽培的首个技术环节。

在遇到土壤干旱时，为利于出苗，可以适当增加播种深度，但也不宜过深。另外田要整平，并深耕细耙，对于土壤过于疏松、秸秆还田田块，或耕后未耙细耙实，容易发生播种过深现象。撒种后，对土壤进行翻耕或旋耕田块也容易发生播种过深现象。另外，机械播种的，机手播种经验不足，或播种机深浅度没有调整好等也会容易导致播种过深现象。

播种太浅，不利于根系发育，影响出苗，丛生小蘖，分蘖节入土浅，越冬易受冻害，即使出苗后及时采取追肥、浇水等措施，也收不到很好的改善缓解效果，会严重影响产量。

播种过深，幼苗出土消耗养分太多，出苗迟，麦苗生长弱，影响分蘖和次生根发生，甚至出苗率低，无分蘖和次生根，越冬死苗率高。为避免播种过深，要及时趁土壤墒情较好时整平田块播种，播前对土壤深耕细耙，使田间土壤颗粒大小保持均匀一致，以避免播种深浅不一，同时尽量采用机械化播种，并找有播种经验的机手调整好播种机播种深度后进行播种。对于撒播田块，可以耙平或二次旋耕，也可有效防止过于深播；对于秸秆还田田块，除土壤深耕细耙外，田间秸秆还要注意分布均匀，并进行土壤镇压，避免土壤过于疏松引起播种过深。

若播种过深，可在出苗前及时用竹耙或铁耙等工具，从播种沟中间向两边垄间进行轻扒土表，以降低种子深度，减少出苗难度，利于小麦早出苗，出好苗，成壮苗。如果种植面积大，不便人工扒土的，或播种过深已经出苗的田块，只能进一步加强管理，适时追施肥料，并保持水肥供应均衡，防治好病虫草害，尽可能降低播种过深带来的不利影响，确保小麦高产稳产。

第四节　种植方式

一、确定种植方式的原则

根据地块熟制，确定合理的产量目标，尽可能地满足不同熟制的要求，例如麦田套种棉花、玉米、花生等的耕作制度，要预先留出播种其他作物的行距。

根据地力、播期、播种量以及播种机具条件，如麦田肥力高，播种早，可适当加宽行距，或采用宽窄行播种。

根据品种特性选择合适的播种方式，分蘖能力强、植株高的适当加大行距。

二、确定适宜的播种方式

小麦的播种方式有条播、撒播和点播，目前广泛采用的是条播，主要是以下几种。

（一）等行距条播

一般田用17cm等行距机播，肥力较高的地块，特别是高产田因需要改善通风透光条件，可加大到20~24cm。这种方式的优点是可以增加小麦前期地表覆盖度，提高光能利用率，减少地表水分的无效蒸发，节水效果明显；单株营养面积均匀，能充分利用地力和光照，植株生长健壮整齐。对亩产500kg以下产量水平的地块较为适宜。

（二）宽窄行条播

宽窄行条播又称大小垄条播，高产田采用宽窄行播种较等行距播种可增产10%~16.4%。宽窄行条播一般在500kg以上的高产地块使用。一般采用窄行15cm，宽行

20~24cm；高产田可采用窄行15cm，宽行30~33cm。这种方式的优点是便于除草松土与加强田间管理；改善了麦田的通风透光条件，充分发挥边际效应；宽行距有利于看清垄行，收割时田间损失小。

（三）宽幅精播

宽幅精播以扩播幅、增行距、促匀播为核心，一是扩大了播幅，将播幅由传统的3~5cm扩大到7~8cm，改传统密集条播籽粒拥挤一条线为宽播幅种子分散式粒播，有利于种子分布均匀，提高出苗整齐度，无缺苗断垄、无疙瘩苗现象出现。二是增加了行距，将行距由传统的15~20cm增加到26~28cm，较宽的行距有利于机械追肥，实行条施深施，既可节省肥料，又可提高肥料利用率。三是播种机有镇压功能，可以一次性镇压土壤，耙平压实，播后形成波浪形沟垄，利于增加雨水积累。

（四）立体匀播

利用小麦立体匀播机使施肥、旋耕、播种、第一次镇压、覆土、第二次镇压6道工序一次作业完成。小麦立体匀播技术参数为，覆土深度（4±1）cm，冬小麦水浇地株距（5.9±0.7）cm，冬小麦旱地株距（5.2±0.5）cm，春小麦株距（3.9±0.2）cm。小麦立体匀播的特点是改常规条播田间分布的"一维行距"为"二维株距"，出苗后无行无垄，均匀分布，使小麦株距均匀，使常规条播麦苗集中的一条"线"，变为麦苗相对分布均匀的一个"面"，减少了传统条播造成的行垄之间的裸地面积，减少了杂草的滋生，也减少了土壤水分的蒸发，同时避免了断垄缺苗，促使麦苗单株充分健壮发育，根多苗壮，从而建立高质量的优势蘖群体结构，有利于根系生长发育，实现根多根壮，根系发达，更好地吸收利用土壤水分和养料，形成相对健壮的植株，提高植株抗病虫能力和生长后期抗倒伏能力。把常规条播的边行优势升华为单株优势，使小麦个体发育在群体增加的条件下，充分发挥优势蘖的生长优势，促使穗、粒、重的协调发展，实现增产增收。

第五节　播后镇压

小麦播后镇压，比浇水施肥都重要。现在秸秆还田+旋耕播种，把秸秆翻到13~15cm的土层，会造成土壤松暄。如果播后不镇压，小麦种子与土壤接触不紧密，出苗困难，秋季、冬季没问题，因为停止生长，不需要太多水分，春季返青生长快，根系与土壤接触不密切，吸水困难，就会造成干苗、死苗现象。

小麦播后镇压是保证小麦出苗质量，抵御旱灾、低温冻害的有效措施，是提高小麦产量的重要手段。镇压后可压实土壤，减少透气跑墒，减轻冻害发生程度，还会使根系与土壤密切接触，增加对水分养分的吸收能力，促进弱苗的升级转化。通过镇压控制地上部的旺长，促进根系生长，可以提高冬季抗冻能力，来年春天抗倒春寒的能力，后期抗干热风、抗倒伏的能力。小麦镇压时间一般可在越冬前或者返青至起身期进行，具体根据管理需求进行。如果播种早，在10月5日前播种，播种量超过10kg，都存在冬前旺长的趋势，对这部分小麦，播种后立即镇压，冬前根据麦苗长势再镇压2～3遍。对旺长的麦苗进行镇压，可以控上促下，抑制旺长。一般来说，麦田镇压可以多次进行，在播后可以立即镇压，也可在小麦分蘖后至土壤上冻前进行冬前镇压，也可以在春季返青后至起身前进行早春镇压。

一、播后镇压的意义

有利于压实土壤，粉碎坷垃，填实缝隙，增温保墒，避免跑风失墒；可以增强土壤与种子的密接程度，使种子容易吸收土壤水分，提高出苗率和整齐度，提高小麦抗旱抗冻能力；有利于小麦生长发育，促进分蘖和次生根增长；有利于降低基部节间长度，增强抗倒伏能力，促进大蘖生成，控制无效分蘖，增加亩穗数。

二、镇压时间

播种后镇压的时机很重要，晴天、中午播种、墒情稍差的，要马上镇压；在早晨、傍晚或阴天播种，墒情好的可稍后镇压。墒情特别充足的，可在出苗前甚至出苗后择机镇压；黏性土壤潮湿时不宜镇压，否则容易造成表土板结，阻碍种子顶土出苗。墒情较差的壤土、沙壤土以及一般类型的土壤，最好是随播随镇压；对于土壤水分适宜的轻壤土，可在播后半天之内镇压；土质黏重或含水量较大的土壤，则应在播后地表稍干时进行轻镇压。

小麦适时镇压能起到控旺促壮的作用。播种后不镇压，易造成小麦在遭受严寒、干旱等不利条件下死亡。作用因时间而不同，在3～4叶期压麦，有暂时抑制主茎生长，促进低叶位分蘖早生快发和根系发育的作用。冬季进行小麦镇压，可以压碎土块，压实畦面，弥合土缝，有利保水、保肥、保温，能防冻保苗，控上促下，使麦根扎实，麦苗生长健壮。由于镇压后分蘖节附近土壤的水分和温度状况有所改善，麦根与土粒接触紧密，增加了根的吸收能力，有利于小分蘖和次生根的生长。镇压的次数和强度，视苗情而定。旺苗要重压，一般镇压一次和控制效应一周左右，因此，旺苗要连续压2～3次。弱苗要轻压，以免损伤叶片，影响分蘖。镇压虽好，但也要注意一些问题，不可盲目镇压，要掌握压干不压湿、压大不压小、埋苗不要压、有露水或冰冻时不压、深苗谨慎压的原则。

冬季小麦的镇压可以是压碎浮渣，弥补裂缝，保持土壤滋润和保湿，帮助小麦安全越冬。但与其他措施相比，镇压操作简单易行，周期不严格。当冬季后土壤表面反复冻结时，土壤表面有较软的表土，不仅在抑制过程中桥接裂缝，而且还起到防止幼苗过度破坏的作用。一些麦田播种后造墒，土壤出现裂缝，随着土壤含水量的降低，土壤的裂缝更加严重。随着裂缝的加剧，小麦的根系生长受到损害，并且会出现"悬挂"幼苗的现象。黄淮以北的部分地区需要浇小麦冷冻水，它可以起到保湿和提升土壤温度的作用，形成合理的群体和根系。有利于小麦的安全越冬和冬季后的正常生长。镇压还有利于防止过量的肥料流失，有助于减少肥料损失。肥料有两种通过土壤的方式，一是通过较大的裂缝到深层土壤；二是通过挥发。镇压使土壤不仅具有保水和提水的效果，而且还减少了肥料损失，确保肥效。

第四章　麦田管理

小麦生长发育受到气候、土壤、耕作制度、栽培措施等条件影响，麦田管理技术是获得小麦优质高产的保证。在小麦生产过程中，争取一播全苗、培育壮苗，做好苗期、中期、后期田间管理，既能充分利用耕地，又能有效提高单位面积的产量和经济效益，是非常必要的，这决定了小麦的产量和质量。

第一节　冬前田间管理

适时播种的小麦从出苗到开始越冬（日平均气温0℃时）为冬前时期，一般经历50～60d，期间种子发芽，叶片生长、根系发育和分蘖产生（冬前分蘖），之后便进入越冬期（大雪至立春），停止生长。此期间是小麦从种子萌发到幼穗开始分化之前的营养生长阶段，经历了长根、长叶、长分蘖，并完成春化阶段。

小麦冬季生长健壮是小麦高产的基础，合理的冬前田间管理尤其重要。一般大田种植存在缺苗断垄或疯长旺长，苗期天气干燥雨雪少或无，造成田间土壤干燥、麦苗长势较弱等问题。为确保小麦后期正常生长以及安全越冬，冬前就要确保小麦壮苗早发，强根增蘖。因此，冬前麦田管理的主要方向是促苗齐、苗均、苗足，培育壮苗，调整合理群体结构，防冻害，以保证麦苗安全越冬，并为越冬期及中后期小麦发育创造基础。为促进小麦强根增蘖和安全越冬，冬前小麦管理要做好以下几项工作。

一、查苗补种，疏苗移栽，控旺促壮

小麦播种后要及时检查小麦出苗情况，这是确保苗全的第一环节。小麦由于漏种、欠墒、地下害虫为害等原因易造成缺苗、断垄、缺窝或稀密不匀，应在出苗期间

及时查苗，如果发现尚未达到计划出苗要求者则为缺苗，一般垄内10~15cm无苗者为缺苗断垄。应对缺苗断垄处进行补种或移栽。补苗需将同品种种子在萘乙酸或冷水中泡24h催芽后晾干，催芽有促进发根壮苗、增加分蘖和增强抗寒性的作用，播种到缺苗处，确保苗全均匀；对于已经分蘖仍缺苗地段或补种不及时又过了补苗最佳期，需要匀苗移苗。麦苗移栽一般应根据气温和土壤墒情来确定，气温低、土壤墒情差可在麦苗长出3~4叶以后小雪节气之前进行，气温高、土壤墒情好可以提早移栽，按"疏稠补稀，边移边栽，去弱留壮"的原则，疏开疙瘩苗补栽到缺苗断垄处，覆土深度要掌握"上不压心，下不露白"，栽后要踩实和浇水并松土，无论补种或补栽，都应带足肥水，保证成活，确保早发赶齐。麦苗密集或是出现疙瘩苗的，也要及时疏苗移栽，保证麦苗之间有固定的间距，才能够有足够的空间进行生长，以保证麦苗的正常生长。

冬前小麦壮苗的标准因品种、播期、播量、地力不同而异，能达到壮苗标准的，一般冬前不追肥。年前小麦生长不很旺，不瘦弱，越冬期安全无冻害，返青后生长稳健。对麦田养分高、水肥条件好，播期偏早等形成的麦苗生长过旺、叶片肥大、分蘖滋生过快、群体密度过大的麦田，当冬前每亩总蘖数超过60万个时，可用40%多效唑兑水均匀喷洒麦苗，以控制麦苗旺长，也可在11月底或12月初进行深中耕，切断部分次生根，抑制群体过快增长，控制发育进程，以防群体过大或拔节过早。对播种较深或出现坷垃压苗的地块，可采取减薄覆土层或移除压苗坷垃等措施，使分蘖节保持在地面以下1~1.5cm助苗出土，促使早分蘖，形成壮苗。对于播种后浇蒙头水或出苗前遇雨时，会造成地面板结，应及时疏松土壤，保证出苗。

二、适时浇越冬水

"立冬小雪十一月，温度急降始见雪。小麦要浇封冻水，把准火候要科学"。小麦浇越冬水可增强小麦抗寒、抗旱能力，预防春旱。冬水冬肥能有效改善土壤养分、水分状况，平抑地温变化，确保麦苗安全越冬，利于麦苗越冬长根，并为翌春小麦返青和提高分蘖成穗率创造良好的条件。已施足底肥或土壤肥力较高，群体正常，麦苗生长健壮的麦田，不追冬肥。冬水是否浇灌根据地力、土质、墒情、苗情等情况确定。一般麦田都要浇好越冬水。对悬根苗，以及耕作粗放，大土块较多，秸秆还田质量不高的田块，浇越冬水更有助于小麦生长；对地力差，施肥不足，播种偏晚，群体偏小，长势较差的弱苗地块，可结合浇水酌情施肥，促使弱苗转化成壮苗；对土壤肥力高，肥足墒足，土壤结构良好，群体适宜，个体健壮的高产田，可以不浇冬水，以控制春季旺长；对晚茬麦，冬前生育期短，叶少、根少的麦田，在底墒充足的情况下，不宜浇越冬水。由于播前底墒不足，播后雨雪少，严重影响分蘖的发生时，可酌情浇越冬水。冬水应在日平均气温7~8℃时开始，"气温降至五六度，抓紧浇灌莫耽搁"，正值夜冻日消，冬灌水量不宜过大，能浇透当天渗完为宜，忌大水漫灌。灌水量可根据土壤墒情酌情处理。墒情适宜的地块，冬水水量可以适当减少。在浇水后应及时划锄松土，破除土壤板结，除草保墒，促进根系发育，促壮苗，防止地表龟裂透风跑墒，造成伤根死苗。对于沙土地、壤土地特别需要浇冻水，而低洼地、黏土地、潮湿地及晚播麦田，都不适宜浇冻水。晚播的麦田，必要时仍然要浇冻水，可根据具体情况灵活掌握，原则上不分蘖不浇水，以免淤苗，影响生长和造成冻害。

三、深耕断根，镇压划锄

深耕锄对植株地上部有先控后促的作用，可以断老根、喷新根、深扎根，促进根系发育，因而可以控制无效分蘖，防止群体过大，改善群体内光照条件，提高根系活力，延缓根系衰老，促进苗壮株健，增加穗粒数，提高千粒重，增加产量。所以浇冬水前在总茎数充足或偏多的群麦田，依据群体大小和长相，采取每行深耕或隔行深耕，深度10cm左右，耕后将土搂平压实，接着浇冬水，防止透风冻害。对于群体过大的麦田，深耕断根具有明显的控制群体发展的作用。

冬初可采用人工踩踏或用平滑型镇压器等方法进行镇压，可破碎坷垃，弥缝保墒，有效保苗越冬。镇压应在小麦浇完冻水后，在12月上旬至中旬，当地表经过冻融变得干酥时进行镇压，坷垃多、裂缝多、表面秸秆多、土壤过暄和播种偏浅的麦田务必进行冬初压麦，以压碎坷垃，弥补裂缝，减少土壤水分蒸发，保苗安全越冬。

对于土壤没有上冻且土壤不实的麦田，应迅速采取冬季镇压措施，弥合土壤裂缝，保墒提墒，防止冷空气侵袭小麦分蘖节和根系造成冻害，确保小麦安全越冬，促进顺利返青。生长过旺、群体过大的麦田，可在越冬前采用耙耱、中耕、镇压相结合的措施，抑制分蘖生长。盐碱地不宜镇压。压麦应该在中午以后进行，以免早晨有霜冻镇压伤苗，地湿、阴天或有雾水时不宜压麦。

四、预防小麦冻害

冻害是指农作物在越冬期间遭受0℃以下低温或剧烈降温时，造成植物原生质受到破坏，从而受害或者死亡。小麦越冬初期（11月下旬至12月中旬），小麦的幼苗未经过抗寒性锻炼，抗冻能力较差。突遇连续多日气温下降或气温骤降，易发生冻害，致使作物损伤和减产。

预防小麦冻害可以选用抗寒性比较好的品种，提高播种质量，在小麦播种前要施足底肥，有机肥60.0~67.5t/hm²、尿素300~375kg/hm²、磷肥600~900kg/hm²，以上3种肥料配合，随耕一次垫底。浇好底墒水，做到精细整地，达到地平、土细、墒好。选择适时、适量、适深播种及镇压。播种过深或加大播量会导致植株细弱而加重冻害。加强冬前田间管理，播种后要间苗、疏苗，中耕划锄，疏松土壤，破除板结，促进麦苗出土和正常生长。小麦分蘖期如遇干旱，土壤含水量低，严重影响小麦盘根分蘖，麦苗长势弱，呈暗灰色，分蘖少，次生根少，易受冻害，应及时浇水，并结合浇水施入少量氮肥，促进麦苗由弱转壮。培育冬前壮苗，控制旺长，可减轻冻害对小麦生长的影响。

目前可采取针对性措施来确保小麦防冻。一是麦田覆盖，在冬灌、施肥之后，给麦田行间盖上一层草和麦糠，有利于防风、防冻、保温、保墒，并防止翌春旺长。麦秸、稻草等均可切碎覆盖，覆盖后撒土，以防大风刮走。开春后，将覆草扒出田外。二是适时冬灌，可形成良好的土壤水分环境，调节耕层中的土壤养分，提高土壤的热容量，一般可提高地温1~3℃，同时可以弥合土缝，促进多分蘖、长大蘖、育壮苗。当气温低于4℃时不宜冬灌。三是熏烟造雾，在霜冻到来时，可以将潮湿柴草在麦田周围点燃，制造烟雾，减少麦田热量向外辐射，能有效减轻冻害。

对于已经受冻害的麦田可采取以下补救措施。一是加强肥水管理，对于叶片受冻，而幼穗未完全受冻的，即麦苗基部叶片变黄，叶尖枯黄的干旱麦田，应抢早浇水，防止幼穗脱水致死；对于主茎幼穗已受冻的，应及时追施速效氮肥，施尿素150kg/hm²，并结合浇水促使受冻麦苗尽快恢复生长，促进分蘖快长、成穗。二是中耕保墒，提高地温。受冻害的麦田要及时进行中耕松土、蓄水提温，能有效促进分蘖成穗，弥补主茎穗的损失。三是加强中后期管理，小麦遭受冻害后，要做好以促为主的麦田中后期管理，使冻害损失减少到最低程度。

五、做好草害防治

麦田杂草有95%是在冬前生长起来的，因此应该加强冬前封闭除草，尤其是要对除草前后的天气情况进行关注。除草时间要选择在晴天进行，并且在未来4d内不会出现霜冻或者大雨等情况，因为此时田间不宜出现泥泞积水等。当天的温度高于10℃为最佳，因为除草剂对杂草枝叶的作用温度区间比较小，一旦错过最佳的时机，就会降低除草剂的效果，甚至还会造成田间杂草成倍的上涨。进入越冬前，麦田出现的杂草主要是野燕麦、节节麦、看麦娘、播娘蒿等，这些草害必须在10月下旬至11月上旬防治，可人工划锄除草，也可喷施除草剂，一般在温度10℃以上（10：00—16：00）的无风晴天施药，可减少药害，除草效果显著。对麦田杂草选用的除草剂，用法、用量见第八章。

六、严禁麦田放牧啃青

叶是小麦进行光合、呼吸、蒸腾的重要器官，也是小麦对环境条件反应最敏感的部分，越冬期间保留下来的绿色叶片，返青后进行光合作用，是其恢复生长时为小麦提供所需养分的重要器官。冬季畜禽啃食会使这部分绿色面积遭受大量破坏，削弱抗寒能力，不利于麦苗生长发育和安全过冬，对于旱情较严重的麦田影响更为突出，小麦减产严重。

第二节　返青期管理

立春之后，温度逐渐回升，小麦从越冬的休眠状态中苏醒过来，进入返青，经历一个冬季的洗礼，有些麦田麦苗依然健壮，有些麦田则遭受冷冻或干旱的危害，返青后小麦需一段恢复时间，这个时期是促使弱苗复壮、控制旺苗徒长、调节群体大小和决定成穗率高低的关键时期，所以早春管理尤为重要。返青期管理的主攻方向是促根早发，促弱控旺，提高成穗率。

一、返青期的生育特点

返青指的是早春麦田半数以上的麦苗心叶（春生一叶）长出部分达到1～2cm时，称为"返青"。从返青开始到起身之前，历时约一个月，属苗期阶段的最后一个时期，称"小麦返青期"。冬麦区在2月上中旬至3月上中旬，期间的生长主要是生根、长叶和分蘖。返青期是第二次分蘖高峰期，会增加30%～40%的分蘖，此期进行穗的分化，这个时期决定了亩穗数和穗粒数。在返青期，根系的生长随温度上升而逐渐加快，促进根系的生长发育对协调地上地下矛盾起重要作用。根系发达，利于吸收养分，满足地上部营养生长和生殖生长的需要，以形成壮苗。播种较晚，冬前分蘖差的麦田，一定把握好返青期的分蘖。

二、镇压划锄

镇压及划锄松土是促麦苗提早返青、健壮生长的重要措施。因为疏松表土，改善了土壤的通气条件，可提高土温，促进根系发育。锄划松土还能促进土壤微生物的活动，有利于可溶性养分的释放。

镇压应选择在冷尾暖头、气温回升且无霜冻、无露水的晴天进行，而且土壤墒情要适宜（表土干燥），切忌在寒流天气来临前或土壤湿度大时镇压。要根据麦苗旺长程度把握适当的镇压强度，防止过度镇压。中耕松土的次数，一般从返青起至拔节共划锄2~3次，松土深浅应先浅而后逐次加深。中耕松土可以采用人工划锄或用中耕机械进行浅松浅耙。具体操作时要注意因地因墒，适时松土，待早春地表融冻后，出现浅干土层时即可进行，地表太湿不宜中耕。采用机械中耕时要注意深浅适宜，尽量减少机械伤苗。

三、浇返青水

浇返青水的时间，一般在2月下旬至3月上中旬，具体是否需要浇返青水，要看气温、墒情、地力条件、苗情等。冬前没有浇冻水或浇冻水偏早的，返青时0~5cm土层严重缺水的，或者是分蘖节正好处于干土层时，应及时浇返青水，但是水量不宜过大，因为返青时土壤还没有完全化冻，大水漫灌容易造成积水沤根，新根不宜发出来，影响麦苗发育，严重的还可能造成死苗；对于墒情适宜的，麦苗生长健壮的麦田，一般不浇返青水，以免浇水后造成土壤板结，降低地温，影响返青；冬水浇得比较晚，返青时麦田不缺水的，则可适当推迟到起身期再浇水。返青水应在5cm地温在5℃左右时开始浇，过早容易发生冻害。浇水后应及时划锄，破除板结表土，减少草害滋生。

四、追肥

返青期追肥可增加春季分蘖，巩固冬前分蘖，利于增加亩穗数。追施返青肥要因苗而定。晚播苗、弱苗、分蘖不足的麦田应早施、重施返青肥，提高分蘖成穗率，一般亩追施尿素12~15kg，对底肥没施磷肥的，可配施磷酸二铵10kg。返青肥对促进麦苗由弱转壮，增加亩穗数有重要作用，但对苗数较多的，或偏旺而未脱肥的麦田，追施返青肥往往引起中、后期群体过大，遮阴郁闭，徒长倒伏，故不追返青肥，应推迟到起身或拔节初期时追施，以控制无效分蘖，达到提高分蘖成穗率、增加亩穗数的目的。

五、麦田化学除草与病虫害防治

春季气温逐渐回升，小麦进入返青期，同时其多种病虫害也开始进入多发期，病害主要有纹枯病、白粉病、叶锈病等，虫害主要有红蜘蛛、麦蚜等，其中重点监控对象是纹枯病、白粉病和红蜘蛛。具体防治技术见第六章、第七章。

返青期是防治麦田杂草的用药补充时期。对冬前防效不好或没进行杂草防治的，可在返青期用药防除。年后化控选择晴好天气，在当日平均气温稳定在6℃以上，于10：00—16：00进行喷施，避免重喷、漏喷。年后杂草防治宜早不宜迟。用药越晚，草长得越大，抗药性越强，越不容易杀死，而且加大除草剂用量，又容易导致小麦出现药害。对于除草剂选择使用见第八章。

六、冻害后的补救措施

对受冻害的麦田，叶片受损严重，分蘖节和根系有活力，应及时追施速效氮肥，促苗早发，追肥后及时浇水，以促进分蘖成穗，科学管理，减少产量损失。结合中耕，蓄水提温，破除板结，促进根系生长，增加有效分蘖，弥补主茎损失，减轻病虫草害。也可在小麦叶面喷施植物生长调节剂，促进中、小分蘖的迅速生长和潜伏芽的萌发，可有效增加小麦成穗数和千粒重，进而增加小麦产量。

第三节　小麦起身、拔节与挑旗期田间管理

小麦的起身期、拔节期与挑旗期是营养生长与生殖生长并进的阶段，其生育特点是幼穗分化发育与根、叶、蘖、茎的生长同时并进。小麦起身期是匍匐期生长转化为直立生长，到起身后期，小麦的亩茎数达到峰值，分蘖数达到最高。当节间长出地面2cm以上时，小麦进入拔节期后分蘖迅速开始两极分化，拔节期到挑旗期是小麦一生中生长速度最快，生长量最大的时期，穗、叶、茎等器官同时并进，叶面积及茎穗迅速生长，干物质积累迅速增长，是产量形成的关键时期。小麦自起身、拔节至挑旗一般经历35d左右，是决定小麦穗数、小花数、结实粒数的主要时期，到挑旗期，单株体积较返青期增加10倍甚至几十倍，叶面积也增至生育期最大值。这时候的水肥措施对群体和个体的反应极为敏感，必须视具体苗情而定。因此该时期田间管理的主攻方向是根据苗情、墒情、地力等具体情况，适时、适量的运用水肥管理措施，保证群体结构，协调群体与个体的矛盾，确保秆壮、穗大、粒足，为后期高产稳产奠定良好基础。

57

一、起身、拔节、挑旗期麦田水肥管理

肥水管理，可促进分蘖的生长，延缓蘖的退化和消亡，有效增加可成穗蘖的比例，最终提高成穗率，增穗数，促穗大，所以对群体较小、苗弱的中产麦田宜在起身期追肥浇水，一般追氮肥量为总施肥量的1/3～1/2。对于越冬期浇水的麦田可推迟至拔节期追肥浇水。对于已浇过水的麦田，要及时进行划锄，弥补裂缝，破除土壤板结。

进入拔节期后，小麦生长发育随之进入快速发展阶段，同时也是小麦需水需肥的关键时期。拔节期肥水可显著减少不孕小穗数和不孕小花数，可促穗大、增加穗粒数，延长叶片寿命，改善群体受光状况，优化群体光合性能。对于早春已施过返青肥水的麦田，由于气温升高，植株快速生长的需求，拔节期应再次进行肥水管理，但施肥数量可酌情减少，一般每亩随水施入尿素10kg即可；在返青期末追肥灌水的麦田，拔节期要重施肥水，一般每亩可随水施入尿素20kg左右，以促进分蘖成穗；对于旱地小麦，无灌水条件，可把施肥时期前移至返青期，开沟施肥或趁雨适当追肥。

挑旗期是小麦需水"临界期"，是否需要追肥，视土壤肥力情况而定，必要时可适量追肥，起身拔节期已追肥的可不施。进入挑旗期，温度升高迅速，空气干燥，土壤水分易亏缺，及时供水，可延长小麦灌浆期间绿色器官的功能时间，提高光合强度和籽粒灌浆强度，挑旗肥水是防止早衰、提高籽粒重的主要措施。

二、防止倒伏

小麦在肥水条件充足的条件下易出现倒伏现象，因此小麦防倒伏措施应特别引起重视，一般于起身期至拔节前喷施多效唑。

三、防治病虫草害

随着温度升高，麦田里的病虫草害滋生，应加强测报，及早防治，拔节后的杂草可采用化学防除或人工除草，病虫草害的化学防治见第六章至第八章。

第四节　麦田后期管理

小麦从抽穗、开花至成熟称为生育后期。此时期小麦根、茎、叶生长停止并逐渐衰退，生长主要以籽粒形成为中心。籽粒灌浆的干物质主要来自旗叶和倒二叶的光合

产物，此时期田间管理主要就是维持根系，保护叶片，防止早衰，防病虫害，防干热风，以保粒数，增粒重。

一、一喷三防

小麦"一喷三防"技术是减轻小麦中后期病虫为害，确保小麦增产增收的关键措施。应根据防治对象选用适宜的杀虫剂、杀菌剂、植物生长调节剂和叶面肥混合施用，达到防病虫、防干热风、防早衰、增粒重的目的。"一喷三防"的适宜时期在小麦扬花期至灌浆期。应贯彻"预防为主，综合防治"的植保方针，突出重点，统筹兼顾，以防治四病三虫（锈病、白粉病、赤霉病、叶枯病，麦穗蚜、吸浆虫、麦蜘蛛）为重点，兼治其他病虫害，保障小麦丰产丰收。

这一生育时期的主要病害有白粉病、锈病、叶枯病、赤霉病等。防治小麦锈病、白粉病的主要农药有三唑酮和烯唑醇等，可用15%三唑酮可湿性粉剂1 200g/hm²（80g/亩）或12.5%烯唑醇可湿性粉剂900g/hm²（60g/亩）兑水均匀喷雾防治。防治赤霉病的药剂主要有多·酮（多菌灵和三唑酮复配剂）和甲基硫菌灵。用60%多·酮可湿性粉剂1 050g/hm²（70g/亩）或70%甲基硫菌灵可湿性粉剂1 800g/hm²（120g/亩）兑水均匀喷雾防治。在小麦齐穗至扬花初期（10%扬花）第一次喷药，如果遇到连续阴雨天气，在第一次喷药5~7d后，第二次喷药。防治叶枯病的主要农药有井冈霉素和三唑酮等。当田间病株率达10%时，可选用5%的井冈霉素水剂3 750mL/hm²（250mL/亩）或20%三唑酮可湿性粉剂750~900g/hm²（50~60g/亩）兑水750kg/hm²（50kg/亩），对植株中下部均匀喷雾，重病田隔7~10d再用药防治1次。多菌灵和三唑酮混用可以防治包括赤霉病、白粉病、锈病和叶枯病等多种病害。

小麦生长中后期的害虫主要有蚜虫、吸浆虫等。防治蚜虫的主要农药有吡虫啉、高效氯氰菊酯、吡蚜酮、氧化乐果等。可以用10%吡虫啉可湿性粉剂300g/hm²（20g/亩），吡蚜酮可湿性粉剂75~150g/hm²（5~10g/亩），兑水均匀喷雾防治。防治吸浆虫成虫的农药主要有毒死蜱、辛硫磷、高效氯氰菊酯、甲基异柳磷、氧化乐果等。吸浆虫的防治一般分为孕穗期蛹期防治和抽穗期保护，蛹期是小麦吸浆虫防治的关键时期之一。在每小样方（10cm×10cm×20cm）幼虫超过5头的麦田，应在孕穗前撒毒土进行蛹期防治，这时小麦植株已经长高，群体相对繁茂，撒施的毒土容易存留在叶片上，施药后要设法将麦叶上的药土弹落至地面。具体方法是，用40%甲基异柳磷乳油3 000mL/hm²（200mL/亩）或50%辛硫磷乳油3 000mL/hm²（200mL/亩）加水75kg/hm²（5kg/亩）拌细土375kg/hm²（25kg/亩）撒入麦田，随即浇水或抢在雨前施下，能收到良好效果。小麦抽穗期一般与小麦吸浆虫成虫出土期吻合，整个抽穗期都是小麦吸浆虫侵染的敏感期，是吸浆虫防治的关键时期。在小麦抽穗70%～80%时进行穗部喷药效果最好。用48%毒死蜱或40%辛硫磷或40%的氧化乐果等1 500倍液，或10%高效氯氰菊酯1 500～2 000倍液，用药液750～900kg/hm²（50～60kg/亩）均匀喷雾，防治效果可达90%以上。

我国的北部冬麦区和黄淮冬麦区小麦灌浆期间受干热风危害的频率较高，其他麦区也有不同程度的干热风出现。干热风危害一般分为高温低湿、雨后青枯和旱风3种类型，以高温危害为主。高温低湿型干热风危害的气象指标为，日最高气温≥32℃，14：00相对湿度≤30%，14：00风速≥3m/s为轻干热风；日最高气温≥35℃，14：00相对湿度≤25%，14：00风速≥3m/s为重干热风。雨后青枯型干热风危害的气象指标为，小麦成熟前10d内有1次小至中雨以上降水过程，雨后猛晴，温度骤升，3d内有1d同时满足以下两项指标，最高气温≥30℃，14：00相对湿度≤40%，14：00风速≥3m/s。旱风型干热风危害的气象指标为最高气温≥25℃，14：00相对湿度≤25%，14：00风速≥14m/s。预防小麦干热风主要是喷施抗干热风的植物生长调节剂和速效叶面肥。在小麦灌浆初期和中期，向植株各喷1次0.2%～0.3%的磷酸二氢钾溶液，能提高小麦植株体内磷、钾浓度，增大原生质黏性，增强植株保水力，提高小麦抗御干热风的能力。同时，可提高叶片的光合强度，促进光合产物运转，增加粒重。

采用"一喷三防"技术时应注意以下几点。

第一，严禁使用高毒、高残留农药，拒绝使用所谓改进型、复方类锈宁、三唑酮，以免影响防治效果。

第二，根据病虫害的发生特点和发生趋势选用适宜农药，科学配方，药量准确，均匀喷雾。

第三，小麦抽穗扬花期喷药，应避开开花授粉时段，选在无露水情况下进行，一般在10：00以后喷洒，6h后遇雨应补喷。

第四，严格遵守农药使用安全操作规程，做好防护工作，防止人员中毒，并做好施药器械的清洁工作。

二、叶面喷肥

小麦生长后期一般施肥较少，对抽穗期叶色转淡，氮、磷、钾供应不足的麦田，通过叶面喷肥即可高效利用肥料的营养，达到养根护叶的作用。用2%的尿素溶液，或用0.3%～0.4%磷酸二氢钾溶液，750～900L/hm²进行叶面喷施，可有效增加千粒重。

三、合理的水分供应

小麦生育后期，主要是籽粒形成，这时期缺水严重，可导致籽粒减少，造成茎叶早衰，籽粒灌浆不足，进而减产。小麦后期是否浇水需根据土壤含水量而定，一般在开花后15d左右即灌浆高峰前及时浇好灌浆水，同时注意掌握灌水时间和灌水量，要特别注意当时的天气，遇到大风天气，切勿灌水，以防止后期倒伏。

第五节　冬小麦主推技术

一、小麦宽幅精播高产栽培技术

选用具有高产潜力、分蘖成穗率高，中等穗型或多穗型品种。深耕深松、耕耙配套，提高整地质量，杜绝以旋代耕。积极防治地下害虫，耕后撒毒饼或辛硫磷颗粒灭虫。采用宽幅精量播种机播种，等行距（22~26cm）宽播幅（8cm）种子分散式粒播，与传统的小行距（15~20cm）籽粒拥挤一条线的密集条播相比，更利于种子分布均匀，无缺苗断垄、无疙瘩苗，克服了传统密集条播的籽粒拥挤，争肥、争水、争营养，根少、苗弱的生长状况。坚持适期适量足墒播种，播期10月1—12日，播量6~8kg/亩。冬前群体大于70万株/亩时采用深耘断根，利于根系下扎，个体健壮。浇好冬水，确保麦苗安全越冬。早春划锄增温保墒，提倡返青初期搂枯黄叶，扒苗清棵，以扩大绿色面积，使茎基部木质坚韧，富有弹性，提高抗倒伏能力。科学运筹春季肥水管理，后期重视叶面喷肥，延缓植株衰老，注意及时防治各种病虫害。适宜区域为黄淮海高产小麦区。

二、冬小麦节水省肥高产栽培技术

（一）浇足底墒

播前补足底墒水，保证麦田2m土体的储水量达到田间最大持水量的90%左右。底墒水的灌水量由播前2m土体水分亏额决定，一般在8—9月降水量200mm左右条件下，小麦播前浇底墒水75mm，降水量大时，灌水量可少于75mm，降水量少时，灌水量应多于75mm，使底墒充足。

（二）选用早熟、耐旱、穗容量大、灌浆强度大的适应性品种

熟期早的品种能够缩短后期生育时间，减少耗水量，减轻后期干热风危害程度；穗容量大的多穗型或中间型品种利于调整亩穗数与播期；灌浆强度大的品种籽粒发育快，结实时间短，生产较平稳，适宜应用节水高产栽培技术。

（三）适量施氮，集中足量施用磷肥

产量水平500kg/亩的地块种麦时集中施磷酸二铵25～30kg/亩，氮、磷配比达到1∶1，高产田需补施硫酸钾10～15kg/亩。

（四）适当晚播，利于节水节肥

早播麦田冬前生长时间长，耗水量大，春季需早补水，在同等用水条件下，限制了土壤水的利用。晚播以不晚抽穗为原则，越冬苗龄3片叶是界限，生产中以越冬苗龄3～5叶为晚播的适宜时期。各地依此确定具体的适播日期。

（五）增加基本苗，严把播种质量关

本模式主要靠主茎成穗，在前述晚播适期范围内，以基本苗30万株/亩为起点，每推迟1d播种，基本苗增加1.5万株，以基本苗45万株为过晚播种的最高苗限。为确保苗全、苗齐、苗匀和苗壮，要确保做到以下3点。

1. 精细整地

秸秆还田要仔细粉碎，在适耕期翻耕土壤或旋耕2～3遍，旋耕深度要达15cm以上，耕后耙压，使耕层上虚下实，土面细平。

2. 精选种子

使籽粒大小均匀，严格淘汰碎粒、瘪粒。

3. 窄行匀播

行距15cm，做到播深一致（3～5cm），落籽均匀。机播，严格调好机械、调好播量，避免下籽堵塞、漏播、跳播。地头边缘死角受机压易造成播种质量差、缺苗，应先播地头，再播大田中间。

（六）播后严格镇压

旋耕地播后待表土现干时，务必镇压。选好镇压机具，采用小型手扶拖拉机携带

镇压器镇压，压地要平，避免机轮压出深沟。

（七）春季浇关键水

这是节水高产栽培的重要环节，春季第一水最佳灌水时间应视具体情况而定。冬春干旱多风，起身期麦田耕层严重缺水的，应在起身后期浇水；春季多雨年份，直到拔节时麦田耕层仍不缺水的，应浇孕穗水；一般年份在春生5叶露尖时浇拔节水，效果最好。春季浇2水，第二水应在扬花到扬花后一周内浇，每亩每次浇水量为50m³。

（八）注意事项

强调"七分种、三分管"，确保整地播种质量，播期与播量应配合适宜，播后务必镇压。

（九）适宜区域

华北年降水量500～700mm的地区，适宜土壤类型为沙壤土、轻壤土及中壤土类型，不适于过黏重土及沙土地。

三、黄淮海冬小麦机械化生产技术

（一）品种选择

肥水条件良好的高产田，应选用丰产潜力大、抗倒伏性强的品种；旱薄地应选用抗旱耐瘠的品种，在土层较厚、肥力较高的旱肥地，则应种植抗旱耐肥的品种。

（二）种子处理

根据当地病虫害发生情况选择高效安全的杀菌剂、杀虫剂，用包衣机、拌种机进行种子机械包衣或拌种，以确保种子处理和播种质量。

（三）整地

若预测播种时墒情不足，提前灌水造墒。整地前，按农艺要求施用底肥。

1. 秸秆处理

前茬作物收获后，对田间剩余秸秆进行粉碎还田。要求粉碎后85%以上的秸秆长度≤10cm，且抛撒均匀。

2. 旋耕整地

土壤含水率15%~25%时适宜作业。旋耕深度达到12cm以上，旋耕深浅一致，耕深稳定性≥85%，耕后地表平整度≤5%，碎土率≥50%。为提高播种质量，必要时镇压。间隔3~4年深松1次，打破犁底层。深松整地深度一般为35~40cm，稳定性≥80%，土壤膨松度≥40%。深松后应及时合墒。

3. 保护性耕作

实行保护性耕作的地块，如田间秸秆覆盖状况或地表平整度影响免耕播种作业质量，应进行秸秆匀撒处理或地表平整，以保证播种质量。

4. 耕翻整地

土壤含水率15%~25%时适宜作业。对上茬作物根茬较硬，没有实行保护性耕作的地区，小麦播种前需进行耕翻整地。耕翻整地属于重负荷作业，需用大中型拖拉机牵引，拖拉机功率应根据不同耕深、土壤比阻选配。整地质量要求，耕深≥20cm，深浅一致，无重耕或漏耕，耕深及耕宽变异系数≤10%。犁沟平直，沟底平整，垡块翻转良好、扣实，以掩埋杂草、肥料和残茬。耕翻后及时进行整地作业，要求土壤散碎良好，地表平整，满足播种要求。

（四）播种

1. 适期播种

一般冬性品种播种适期为日平均气温稳定在16~18℃，半冬性品种为14~16℃，春性品种为12~14℃。具体确定冬小麦播种适期时，还要考虑麦田的土壤类型、土壤墒情和安全越冬情况等。旱地播种应掌握有墒不等时、时到不等墒的原则。

2. 适量播种

根据品种分蘖成穗特性、播期和土壤肥力水平确定播种量。黄淮海中部、南部高产麦田或分蘖成穗率高的品种，播量一般控制在6~8kg/亩，基本苗控制在12万~15万株/亩；中产麦田或分蘖成穗率低的品种播量一般控制在8~11kg/亩，基本苗控制在15万~20万株/亩；黄淮海北部播量一般控制在11~13kg/亩，基本苗控制在18万~25万株/亩。晚播麦田适当增加播量，无水浇条件的旱地麦田播量12~15kg/亩，基本苗控制在20万~25万株/亩。

3. 提高播种质量

采用机械化精少量播种技术，一次完成施肥、播种、镇压等复式作业。播种深度为3~5cm，要求播量精确，下种均匀，无漏播，无重播，覆土均匀严密，播后镇压效果良好。实行保护性耕作的地块，播种时应保证种子与土壤接触良好。调整播量时，应考虑药剂拌种使种子重量增加的因素。

4. 播种机具选用

根据当地实际和农艺要求，选用带有镇压装置的精少量播种机具，一次性完成秸秆处理、播种、施肥、镇压等复式作业。其中，少免耕播种机应具有较强的秸秆防堵能力，施肥构件的排肥能力应达到60kg/亩以上。

（五）收获

目前小麦联合收获机型号较多，各地可根据实际情况选用。为提高下茬作物的播种出苗质量，要求小麦联合收割机带有秸秆粉碎及抛撒装置，确保秸秆均匀分布地表。收获时间应掌握在蜡熟末期，同时做到割茬高度≤15cm，收割损失率≤2%。作业后，收割机应及时清仓，防止病虫害跨地区传播。

四、冬小麦水浇地立体匀播栽培技术

（一）品种选择

选择通过国家或省级品种审定委员会审定的，适宜当地生产条件的，高产、稳产、多抗、广适的成穗率高的多（中）穗型冬性或半冬性品种。种子质量要达到国家标准。

（二）秸秆还田

采用秸秆还田机对前茬作物秸秆粉碎1~2遍，较常规条播可减少1遍粉碎工序，使秸秆粉碎长度≤5cm，田间抛撒均匀度≥85%。为培肥地力，可增施有机肥22 500kg/hm²左右。

（三）深耕深松

每3年机械深耕或深松1次，深度25cm以上，以破除犁底层；非深耕（松）年份省去此工序，直接用立体匀播机播种。

（四）种子处理

根据当地病虫害调查结果，选用符合国家规定的、适宜的高效低毒种衣剂或拌种剂，按照推荐剂量进行包衣拌种，防治病虫害。对纹枯病、根腐病等，可选用2%戊唑醇或20%三唑醇拌种；对全蚀病，可选用12.5%全蚀净悬浮剂拌种；对地下害虫，可用40%甲基异柳磷乳油或50%辛硫磷乳油拌种。对多种病虫同时发生的，可采用杀菌剂和杀虫剂，各计各量、现配现用进行混合防治，必要时需进行土壤处理。

（五）立体等深覆土匀播

依据目标产量、土壤肥力及测土配方结果选择化学底肥用量，一般推荐施纯氮90～105kg/hm²、五氧化二磷75～90kg/hm²、氧化钾75～90kg/hm²。在适宜播种期内进行播种，一般日均气温降至17℃左右时播种，按照北部冬麦区270万～300万株/hm²、黄淮冬麦区225万～270万株/hm²、新疆冬麦区300万～375万株/hm²基本苗确定播种量。覆土厚度根据二次镇压后的土壤状况，保证在3～4cm；适宜土壤类型为壤土，土壤含水量为12%～19%，最适为16%～18%；避免扬尘过多或土壤过湿影响覆土效果。播种和覆土后分别进行镇压。施肥、旋耕、播种、镇压、覆土及第二次镇压等作业工序由立体匀播机一次性完成，实现等深匀播，利于出苗整齐一致。适播期之后播种，每推迟1d，播种量增加7.5kg/hm²；墒情不足时，需提前造墒播种；土壤过湿时需及时整地散墒，以便于匀播机顺利播种。

（六）冬前管理

主要根据降水及土壤墒情确定是否需要灌越冬水，当土壤相对含水量低于60%时，应在日均气温0～3℃时浇灌越冬水，保障麦苗安全越冬。立体匀播小麦出苗后可减少田间裸地面积，实现以苗抑草，降低杂草数量，一般可减少化学除草1次。

（七）拔节肥水

返青期一般不需要进行浇水施肥，可于拔节期结合微喷灌溉随水追施氮肥90～105kg/hm²，浇水量600～675m³/hm²。

（八）统防统治

春季抽穗期前，根据各地病虫害预测及实际发生情况，采用绿色防控技术，结合抗逆技术，各药剂各计各量、现配现用进行统防统治；或采用黄板（粘虫板）、黑光灯等物理技术进行防治。抽穗后，则需及时展开一喷三防，防病、防虫、防干热风。鉴于立体匀播小麦出苗后无行无垄，因此为了减少田间人为损伤，建议采用机械或无人机进行喷防。施药过程中要严格遵守药剂安全使用规则，确保安全用药。

（九）机械收获

于籽粒蜡熟末期采用联合收割机及时收获，做到丰产丰收。

五、冬小麦旱地立体匀播栽培技术

（一）品种选择

选择通过国家或省级品种审定委员会审定的，适宜当地生产条件的，具有抗旱或耐旱特性的高产、稳产、多抗、广适、成穗率高的多（中）穗型冬性或半冬性品种。种子质量要达到国家标准。

（二）秸秆还田

采用秸秆还田机对前茬作物秸秆粉碎1～2遍，较常规条播可减少1遍粉碎工序，使秸秆粉碎长度≤5cm，田间抛撒均匀度≥85%。为培肥地力，可增施有机肥15 000kg/hm²左右。

（三）深耕深松

每3年机械深耕或深松1次，深度25cm以上，以破除犁底层；非深耕（松）年份省去此工序，直接用立体匀播机播种。

（四）种子处理

根据当地病虫害调查结果，选用符合国家规定的、适宜的高效低毒种衣剂或拌种剂，按照推荐剂量进行包衣拌种，防治病虫害。对纹枯病、根腐病等，可选用2%戊唑醇或20%三唑醇拌种；对全蚀病，可选用12.5%全蚀净悬浮剂拌种；对地下害虫，可用40%甲基异柳磷乳油或50%辛硫磷乳油拌种。对多种病虫同时发生的，可采用杀菌剂和杀虫剂，各计各量、现配现用进行混合防治，必要时需进行土壤处理。

（五）立体等深覆土匀播

依据目标产量、土壤肥力及测土配方结果选择化学底肥用量，一般推荐施纯氮105～120kg/hm²、五氧化二磷90～105kg/hm²、氧化钾75～90kg/hm²。在适宜播种期内抢墒播种，一般日均气温降至17℃左右时播种，按照北部冬麦区375万～450万株/hm²、黄淮冬麦区300万～375万株/hm²基本苗确定播种量。覆土厚度根据二次镇压后的土壤状况，保证在3～4cm；最适宜的土壤类型为壤土，土壤含水量为12%～19%，最适为16%～18%；避免扬尘过多或土壤过湿影响覆土效果。播种和覆土后分别进行镇压。施肥、旋耕、播种、镇压、覆土及第二次镇压等作业工序由立体匀播机一次性完成，实现等深匀播，利于出苗整齐一致。适播期以后播种，每推迟1d，播种量增加7.5kg/hm²；土壤过湿时需及时整地散墒，便于匀播机顺利播种。

（六）冬前管理

主要根据降水及土壤墒情及时进行越冬前镇压，保障麦苗安全越冬。立体匀播小麦出苗后可减少田间裸地面积，实现以苗抑草，降低杂草数量，一般可减少化学除草1次。

（七）春季管理

早春可适时进行镇压，提墒增温，促进小麦早发。随时关注天气变化，可根据天气预报，在降雨前及时采用合适的机械或人工追施氮素45～75kg/hm²；或于拔节及灌浆期结合统防统治用1%浓度的尿素溶液叶面喷施。

（八）统防统治

春季抽穗期前，根据各地病虫害预测及实际发生情况，采用绿色防控技术，结合抗逆技术，各药剂各计各量、现配现用进行统防统治；或采用黄板（粘虫板）、黑光灯等物理技术进行防治。抽穗后，则需及时展开一喷三防，防病、防虫、防干热风。立体匀播小麦出苗后无行无垄，故为了减少田间人为损伤，建议采用机械或无人机进行喷防。施药过程中要严格遵守药剂安全使用规则，确保安全用药。

（九）机械收获

于籽粒蜡熟末期采用联合收割机及时收获，做到丰产丰收。

六、北方冬小麦节水高产栽培技术

该技术是以底墒水调整土壤水，减少灌溉次数，提高产量和水分利用率的栽培技术，在年降水量500～700mm的地区，利用本技术在小麦生育期浇1～2次水可达到亩产400～500kg。

播种前浇足底墒水，将灌溉水变为土壤水。选用株型较为紧凑、穗容量高、早熟、耐旱、多花、中粒型品种。适当晚播，越冬苗龄主茎3～5叶，既减少冬前耗水，又为夏玉米充分成熟提供了时间。小麦、玉米两茬的磷肥集中施给小麦，适当增加基肥中的氮素用量。适当增加基本苗，缩小行距至15cm，确保播种质量。春季灌一次水为拔节至孕穗期，春浇两水，最佳组合为拔节水、开花水适用于北部冬麦区和黄淮冬麦区，主要包括河北、山西、山东等水资源相对缺乏的麦田。

七、小麦深松——少免耕镇压节水高产栽培技术

该技术是在秸秆还田的基础上，深松打破犁底层，增加土壤蓄水，促进根系下扎利用深层水；旋耕破碎坷垃，并将秸秆打入表土提高保墒能力；镇压踏实耕层减少水分蒸发，培育壮苗等一整套栽培技术。

玉米秸秆还田，用秸秆还田机粉碎2遍。小麦适宜出苗的耕层相对含水量为70%～80%，低于这一值应该浇水造墒，每亩40m³。每隔2～3年用震动式深松机深松一次，深度30cm。用旋耕机旋耕两遍，深度15cm。旋耕后耙压或镇压，以破碎坷垃，踏实耕层，保墒抗旱。用带镇压轮的播种机播种，无镇压轮或镇压质量不好的麦田，要播后镇压，保证出苗，提高抗旱能力。适用于北部冬麦区和黄淮冬麦区，包括河北、山东、河南、江苏北部、安徽北部、山西、陕西等地。

八、冬小麦氮肥后移高产栽培技术

（一）培肥地力，施好肥料

一般地力的麦田，全部有机肥、氮肥的50%、全部磷肥、全部钾肥、全部锌肥均施作基肥，翌年春季小麦拔节期再施另外50%氮肥。土壤肥力高的麦田，有机肥的全部，氮肥的1/3，钾肥的1/2，全部的磷肥、锌肥均作基肥，翌年春季小麦拔节时再施另外的2/3氮肥和1/2钾肥。

（二）确定合理群体

对于分蘖成穗率高的中穗型品种，适宜基本苗10万～12万株/亩，穗数40万～45万个/亩。对于分蘖成穗率低的大穗型品种，适宜基本苗13万～18万株/亩，穗数30万个/亩。

（三）提高整地质量，适期、精细播种

1. 深耕细耙，提高整地质量

坚持足墒播种，适当深耕，打破犁底层，不漏耕；耕透耙透，耕耙配套，无明暗坷垃，无架空暗堡，达到上松下实；作畦后细平，保证浇水均匀。播种前土壤墒情不足的应造墒播种。

2. 适时播种

冬性品种应先播，半冬性品种应在适期内后播。抗寒性强的冬性品种在日平均气温16～18℃时播种，抗寒性一般的半冬性品种在14～16℃时播种，冬前积温以650℃左右为宜。

3. 精细播种

每亩基本苗和播种量要根据情况具体掌握。在播种适期范围内，分蘖成穗率高的中穗型品种，每亩种植10万～12万株基本苗；分蘖成穗率低的大穗型品种，每亩基本苗为13万～20万株。地力水平高、播种适宜而偏早，栽培技术水平高的可取低限；反之，取高限。按种子发芽率、千粒重和田间出苗率计算播种量。播种期推迟，应适量增加播种量。

（四）浇冬水

在小雪前后浇冬水，11月底至12月初结束。

（五）拔节期追肥浇水

将生产中的返青期或起身期施肥浇水改为拔节期至拔节后期追肥浇水，一般分蘖成穗率低的大穗型品种在拔节期，分蘖成穗率高的中穗型品种在拔节期至拔节后期追肥浇水。

（六）适宜区域

适用于北纬35°～38°的黄淮海麦区，主要包括河南中部和北部、江苏和安徽北部、山东和河北大部、山西与陕西、新疆等有水浇条件和肥力较好的麦田。

九、晚播小麦应变高产栽培技术

（一）选用良种，以种补晚

晚播小麦种植弱春性半冬性品种，阶段发育进程较快，营养生长时间较短，灌浆强度提高，容易达到穗大、粒多、粒重、早熟丰产的目的。

（二）提高整地播种质量，以好补晚

晚播小麦播种适宜的土壤湿度为田间持水量的70%～80%。最好在前茬作物收获前带茬浇水并及时中耕保墒，也可在前茬收获后抓紧造墒及时耕耙保墒播种。在足墒的前提下，适当浅播是充分利用前期积温，减少种子养分消耗，达到早出苗、多发根、早生长、早分蘖的有效措施。一般播种深度以3～4cm为宜。如果为了抢时早播，也可播后立即浇蒙头水，待适墒时及时松土保墒，助苗出土。

（三）适当增加播量，以密补晚

依靠主茎成穗是晚播小麦增产的关键。

（四）增施肥料，以肥补晚

晚播小麦应适当增加施肥量，氮、磷、钾平衡施肥，特别重视施用磷肥，可以促进小麦根系发育，促进分蘖增长，提高分蘖成穗率。必须在返青期对晚播小麦加大施肥量，应注意的是土壤严重缺磷的地块增施磷肥对促进根系发育、增加干物质积累和提早成熟有明显作用。

（五）科学管理

科学管理，促壮苗多成穗。

（六）适宜区域

主要适用于各冬麦区晚播麦田。

十、小麦一喷三防技术

（一）防治时期

"一喷三防"技术是在小麦生长后期，即小麦抽穗扬花至灌浆期，在叶面喷施杀

菌剂、杀虫剂、植物生长调节剂或叶面肥等混配液，通过一次施药达到防病、防虫、防早衰的目的，获得提高粒重的效果。

（二）配方组合

（1）每亩用10%吡虫啉可湿性粉剂20g+2.5%高效氯氟氢菊酯水乳剂80mL+45%戊唑醇·咪鲜胺25g+98%磷酸二氢钾100g+芸薹素内酯8mL。主要用于防治蚜虫、赤霉病、白粉病，兼治吸浆虫、锈病、叶枯病、干热风。

（2）每亩用2.5%联苯菊酯水乳剂80mL+25%氰烯菌酯悬浮剂10mL+98%磷酸二氢钾100g。主要用于防治蚜虫、赤霉病，兼治吸浆虫、锈病、白粉病、叶枯病、干热风。

（3）每亩用22%噻虫嗪·高氯氟悬浮剂8mL+15%三唑酮可湿性粉剂70g+98%磷酸二氢钾100g。主要用于防治蚜虫、白粉病，兼治吸浆虫、赤霉病、锈病、叶枯病、干热风。

以上药剂配方可根据各地小麦病虫发生特点合理搭配，每亩兑水50kg喷雾。对于小麦白粉病、锈病发生严重的麦区及高肥水地块，可添加多抗霉素或醚菌酯。多雨天气或密度过大麦田施药时加入有机硅助剂以提高黏着性、渗透性。

（三）注意事项

（1）用药量要准确。一定要按具体农药品种使用说明操作，确保准确用药，各计各量，不得随意增加或减少用药量。

（2）严禁使用高毒有机磷农药和高残留农药及其复配品种。要根据病虫害的发生特点和发生趋势，选择适用农药，采取科学配方，进行均匀喷雾。

（3）配制可湿性粉剂农药时，一定要先用少量水化开后再倒入施药器械内搅拌均匀，以免药液不匀导致药害。

（4）小麦扬花期喷药时，应避开授粉时间，一般在10：00以后进行喷洒，喷药后6h内遇雨应补喷。

（5）严格遵守农药使用安全操作规程，确保操作人员安全防护，防止中毒。

（6）购买农药时一定要到三证齐全的正规门店选购，拒绝使用所谓改进型、复方类等不合格产品，以免影响防治效果。

第五章　小麦的收获与贮藏

小麦收获一般在6月上中旬，此时正值干热风、暴雨、冰雹等自然灾害的多发期，一旦收割不及时，容易落粒掉穗，造成减产，麦收后更要做好防霉贮藏。

第一节　适期收获

人工收获在蜡熟中末期最佳，此时小麦茎秆叶片已经变黄，穗下节间是黄色，穗下第一节呈微绿色，有80%～90%的籽粒已经变黄、变硬，内部呈蜡质状，含水量在25%～30%。而用联合收割机收割小麦应在蜡熟末期至完熟初期，此时植株枯死、变脆，籽粒变硬并呈现品种固有特征，籽粒含水量小于20%。一般人工收获包括收割、打捆、运输、晒场晾干、机械脱粒或压场脱粒等工序。机械收割一步完成小麦收割、脱粒和秸秆粉碎等工序。小麦收获期较短，应提早做好人力、物力、机具等准备，以防遇雨麦穗发芽。

小麦收获后，要及时晾晒，可采用日晒、风干和烘干的方法进行干燥。日晒一般选择高温的晴天，将小麦种子均匀、薄一些摊开放在太阳下进行暴晒，并定时翻动使小麦种子受热均匀、水分蒸发完全，使其晒干晒热。高温晒种的过程中种温必须在46～52℃，将小麦种子内部含水量降低至12.5%以下。这样不仅能促进麦种完成后熟作用，还能利用强烈的紫外线杀虫、杀菌。

第二节　贮藏管理

由于农户储粮保粮条件较差，环境条件有利于仓库害虫繁殖，加以防治工作跟不上，普遍受仓库害虫为害，一般贮存一年以上的小麦损失率达6.62%，个别受害严重的农户，损失率达45%左右。此外，由于害虫的排泄物、虫尸、呼吸作用等对小麦造成污染，甚至导致小麦发热霉变，严重影响小麦的品质，其损失往往超过害虫的直接损失。因此，加强小麦贮藏期害虫的防治具有重要的意义。

小麦种子贮藏的目的在于杀灭虫卵、防止种子发潮霉变、确保种子的发芽率等。不当的贮藏管理方法，容易造成小麦种子出现吸潮、发霉、病虫害等问题。根据小麦的吸湿性和后熟期较长的贮藏特性，应在晾晒后的小麦籽粒含水量达到13%以下时，入库贮藏。一般小麦贮藏方式有高温密闭贮藏、低温密闭贮藏和缺氧贮藏3种。

一、高温密闭贮藏

小麦趁热入仓密闭贮藏，是我国传统的贮麦方法。通过日晒，可降低小麦含水量，同时在暴晒和入仓密闭过程中可以收到高温杀虫制菌的效果。对于新收获的小麦能促进后熟作用的完成。由于害虫的灭绝，小麦含水量和带菌量的降低，呼吸强度大大减弱，可使小麦长期安全贮藏。

小麦趁热入仓的具体操作方法是，在三伏盛夏，选择晴朗、气温高的天气，将麦温晒到50℃左右，延续2h以上，水分降到12.5%以下，于15：00前后聚堆，趁热入仓，散堆压盖，整仓密闭，使粮温在40℃以上持续10d左右，日晒中未死的害虫全部死亡。达到目的后，根据情况，可以继续密闭，也可转为通风。

二、低温密闭贮藏

小麦虽能耐高温，但在高温下持续贮藏长时间也会降低小麦品质。因此，可将小麦在秋凉以后进行自然通风或机械通风充分散热，并在春暖前进行压盖密闭以保持低温状态。低温贮藏是小麦长期安全贮藏的基本方法。

三、缺氧贮藏

缺氧贮藏主要指用塑料薄膜或其他密闭容器，将小麦与外界空气隔绝，利用其自身的呼吸作用，达到气调效果的一种方法。在密闭良好时，一般新收的小麦经20～30d的自然缺氧可达到气调效果，而隔年陈麦由于后熟作用已经用完，不能自然缺氧，需向麦堆中充CO_2或N_2达到气调效果。操作时应做到仓储容器或仓库上不漏、下不潮，四周无缝隙，防止进入湿热空气，这样可以保持小麦干燥、低温，达到安全贮藏的目的。

第六章　小麦病害及防治

第一节　小麦真菌性病害的发生与识别

一、小麦锈病

小麦锈病，俗称黄疸病，为典型的远程气传真菌病害，分为条锈病（Wheat stripe rust）、叶锈病（Wheat leaf rust）、秆锈病（Wheat stem rust）3种，是小麦生产中为害广泛的一类病害，苗期以叶锈病为主，小麦孕穗期以后以叶锈病和条锈病混发为主，兼有秆锈病为害。

（一）为害症状

3种锈病症状的共同特点是，在被侵染叶片或者茎秆上出现黄色、深褐色或者红褐色的夏孢子堆，孢子堆破裂后，孢子散开呈现铁锈色，锈病因而得名。

小麦条锈病主要发生在叶片上，其次是叶鞘和茎秆，颖壳及芒上也有发生。在小麦苗期侵染，侵染初期在受害部位出现褪绿色斑点，幼苗的叶片上产生多层轮状排列的鲜黄色夏孢子堆，表皮破裂后，出现了鲜黄色夏孢子粉。在成株叶片发病初期，夏孢子堆呈小长条状，椭圆形，鲜黄色，与叶脉平行，以虚线状成行排列。后期叶片表皮破裂，出现了锈褐色粉状物。小麦近成熟时，叶鞘上出现了圆形或卵圆形黑褐色的夏孢子堆，散出鲜黄色粉末状的夏孢子。发病后期发病部位产生黑色的冬孢子堆，冬孢子堆为短线状，扁平，数个融合在一起，埋伏在表皮内，成熟时不开裂。

小麦叶锈病主要为害叶片，也为害叶鞘，在茎秆和穗部很少发生。叶片被侵染后，产生许多散乱不规则排列的圆形至椭圆形的夏孢子堆，表皮破裂后，散出黄褐色粉状物。叶锈病的夏孢子堆与秆锈病的相比较小，而与条锈病的相比较大，多发生在叶片正面，一般不穿透叶片。发病后期在叶片背面或叶鞘上散生出圆形或椭圆形的扁平状黑色冬孢子堆，表皮不破裂。

小麦秆锈病主要发生在叶鞘和茎秆上，也可为害叶片及穗部，引起穗部脱落。夏孢子堆在3种锈病中最大，隆起高，为长椭圆形，黄褐色或者深褐色，排列呈不规则，散生，多个夏孢子堆连接成大斑。成熟后表皮破裂，表皮大片开裂且向外翻成唇状，散出大量铁锈色夏孢子粉。小麦成熟后，在夏孢子堆及其周围出现黑色椭圆形至长条形的冬孢子堆，表皮破裂后，散出黑色粉末状的冬孢子。发生在叶片上的秆锈病病菌孢子穿透叶片能力强，可使同一侵染点叶片正反面均出现孢子堆，且背面孢子堆大。

（二）识别要点

小麦条锈病：在小麦叶片上鲜黄色夏孢子堆沿叶脉呈虚线状。

小麦叶锈病：在受害叶片上产生圆形至长椭圆形的橘红色不规则排列的夏孢子堆。

小麦秆锈病：在受害部位产生长椭圆形的褐色大斑。

（三）发生规律

小麦条锈病发生传播快，为害严重。主要发生在河南、河北、山西、陕西、山东、甘肃、四川、湖北、云南、新疆等地。其以夏孢子世代在异地越夏和越冬，其中在我国西南和西北高海拔地区越夏。越夏区产生的夏孢子通过风力传播到麦区，侵染秋苗。春季在越冬病麦苗上产生夏孢子，扩散造成再次侵染。小麦条锈病靠夏孢子在异地往返传播，完成周年病害的循环，并在大范围内流行成灾，造成严重减产。

小麦叶锈病是世界性的小麦病害之一，在世界的分布范围比条锈病、秆锈病广泛。在我国各麦区以夏孢子连续侵染的方式越夏，越夏后就近侵染秋苗，并向周围传播，成为当地秋苗主要侵染源。冬季在小麦停止生长，气温不低于0℃的地方，病菌以休眠菌丝体潜伏在小麦叶组织内越冬，春季温度适宜时再随风扩散为害。造成叶锈病流行的因素主要是当地春季气温和降水量以及小麦品种的抗感性。在流行年份，减产可达50%~70%。

小麦秆锈病是主要发生在华东沿海、长江流域、南方冬麦区及东北、华北的内蒙古自治区、西北春麦区。秆锈病病菌为专性寄生菌，需在活的寄主上才能生长发育。小麦秆锈病的主要越冬区为南方麦区。其病原孢子通过气流由南向北逐步传播，造成为害。到达新环境后，在条件适宜的情况下开始快速蔓延，产生大量的夏孢子，使得病害在短期内流行起来。小麦秆锈病在中国的流行年份最高使小麦减产75%，其中，部分地区甚至绝产。

二、小麦白粉病

（一）为害症状

小麦白粉病在小麦苗期至成株期的整个生育期均可发生。该病主要为害小麦叶片，严重时也为害叶鞘、茎秆和穗部的颖壳和芒。发病初期，叶片上有直径为 1～2mm 的黄色小点产生，随后病斑逐渐扩大至近圆形或椭圆形的白色霉斑，霉斑表面有灰白色粉状霉层，严重时病斑相互连接成片。一般菌丛在叶片正面比背面要多，下部比上部多。菌丝初发生时为薄丝网状，随后扩大增厚形成一层粉状霉层。霉层遇到外力时立即飞散。这些粉状物就是无性阶段的菌丝体、分生孢子梗和分生孢子。后期病部菌散生为灰白色至浅褐色，病斑上散生有针头大小的黑色颗粒点，即病菌有性生殖阶段产生的子囊壳，即闭囊壳。叶片被侵染后，逐渐变为黄褐色，并慢慢枯死。茎和叶鞘被为害后，植株表现为易倒伏。严重时叶鞘、麦穗以及麦芒上都呈现灰白色霉层，叶片几乎完全被覆盖。

小麦白粉病除了通过掠夺植物养分来为害小麦以外，菌丝层覆盖植株表面，使小麦植株呼吸作用增强，蒸腾作用增高，光合作用效能降低，碳水化合物的积累和输送减少。若小麦植株发病较早而且比较严重，其生长发育受到严重影响，导致根部的吸收能力降低，影响根系的发育，从而减少了小麦植株的分蘖数、成穗数、穗粒数和千粒重，使得产量和品质大大降低。如果发病较晚并且病情较轻时，则会出现籽粒不饱满、千粒重下降、产量减少的现象。

（二）识别要点

小麦白粉病发病部位产生白色粉状霉层，颜色由浅转暗，后期霉层上产生小黑点。

（三）发生规律

小麦白粉病病原菌越夏方式有两种，一种以分生孢子在夏季温度较低的地区（最热为旬平均气温不超过23.5℃）的夏播麦株上越夏。越夏时病原菌不断侵染麦苗，并产生分生孢子。另一种越夏方式则是以病残体上的闭囊壳在低温、干燥的条件下越夏，并进行初步的侵染。

小麦白粉病越夏后，开始就近侵染越夏区的秋苗，导致秋苗发病。分生孢子和子囊孢子借高空气流进行远距离传播。分生孢子在适宜的条件下萌发产生芽管，芽管顶端膨大形成附着胞，附着胞产生侵入丝，直接穿透寄主表面角质层，侵入表皮细胞。在条件适宜的情况下（10～20℃，湿度较高），病原菌完成整个侵染过程仅需1d。病菌侵染18h后，形成指状吸器，并且在寄主表面产生二次菌丝。3～4d内产生次生吸器，5d后表生菌丝体上有隆起产生，分化形成分生孢子梗。

在冬季，病菌以菌丝体潜伏在植株下部叶片或者叶鞘内。冬季温度越高，湿度越大，越利于病原菌越冬。

小麦白粉病一般先在植株下部以水平方向扩展，随后逐渐向上蔓延。发病早期，病田有明显的发病中心，随后向周围传播蔓延。在适宜的条件下，病害可在很短的时间内暴发流行。

三、小麦赤霉病

（一）为害症状

小麦赤霉病又名麦穗枯、烂麦头、红头瘴，是一种在全世界流行发生的病害。在小麦的各个生育期均能为害。主要引起苗腐、茎基腐、秆腐以及穗腐，其中穗腐在我国最常见、为害最大，其次是苗腐。

1. 苗腐

由种子携带的病原菌或者土壤中的病残体侵染导致的。早期牙鞘变褐色，随即根冠、子叶、真根呈褐色水渍状腐烂，轻者病苗黄瘦，重者病苗死亡。在湿度较大时，土壤中残留的种粒和枯死的麦苗上会产生粉红色霉状物（病菌的分生孢子和子座）。赤霉病和根腐病引起的苗腐不同点在于根腐病病菌仅牙鞘或者根部变褐色。苗腐在冬麦区发病不明显，在春麦区易发生。

2. 穗腐

穗腐是抽穗后到成熟阶段在穗部呈现的症状。该病小麦扬花时发病，发病初期，小麦的小穗和颖片上产生水渍状浅褐色病斑，随后病斑逐渐扩大至整个小穗，小穗变枯变黄。湿度较大时，病小穗基部或颖壳接缝处有橘红色或者玫红色黏胶状霉层产生，即病菌的分生孢子团或分生孢子座。病菌通过风、雨的传播，露水的流散，再次以分生孢子侵染麦穗。病菌若已侵入穗轴使维管束系统输导受阻，则会导致病部以上的麦穗呈现青枯，病部以下麦穗呈青绿，致使粒枯干秕，造成很大的损失。若穗颈节受到了侵染，则全穗呈枯黄，不结实。发病后期若湿度较大且温度适宜，霉层上会产生密集蓝黑色小颗粒（病菌子囊壳），用手触摸有突起感，不能抹去。籽粒干瘪并且伴有白色至粉红色霉层。

3. 秆腐

秆腐一般在抽穗前后发生，发生在穗下的1～3茎节上。发病初期，叶鞘、节间上出现水渍状褪绿斑，后扩展为淡绿色直至红褐色病斑，病斑不规则，或者向茎内扩展。病情严重时，可造成病部以上部分枯黄，有时候不能抽穗或者抽出的穗枯黄。空气湿度较大时，病部表面有粉红色霉层。

（二）识别要点

小麦病穗上小穗枯黄或形成"枯白穗"，潮湿天气在颖壳合缝处或小穗基部出现粉红色霉层。

（三）发生规律

小麦赤霉病主要以菌丝体在小麦穗轴上越夏越冬，翌年当气温上升、雨水频繁时，土表的带菌作物和植物残体上子囊壳逐渐成熟，吸水破裂，将产生的子囊孢子释放到空中。经雨水飞溅和风向、气流变化，被动传播到麦穗上成为初侵染源。此外，分生孢子也可作为初次侵染源侵染麦苗。造成苗枯的主要原因是种子带菌，土壤中有较多的病菌则为茎基腐病的产生提供有利条件。

小麦抽穗后直至扬花末期最易受到病菌的感染（此时为病残体上子囊孢子产生的高峰期）。乳熟期以后，在遇到非常合适的阴雨天气时可以侵染，其他条件下不易侵染。子囊孢子借助气流和风雨传播，孢子落在麦穗上萌发产生菌丝，先在颖壳外侧蔓延，然后通过凋萎的花药或者张开的颖缝处侵入小穗。菌丝侵入小穗后，以花药残害或者花粉粒作为营养，不断生长繁殖，进而侵害颖片两侧的薄壁细胞、胚和胚乳，导致小穗凋萎。在适宜条件下，被侵染的小穗在3～5d内便可表现出症状。随后向水平方向上的相邻麦穗扩展，也可垂直方向穿透小穗轴从而侵害穗轴的输导组织，导致病穗出现枯萎。在潮湿条件下，侵染部位产生分生孢子，借助气流和雨水传播，进行再侵染。

小麦赤霉病虽是一种多循环病害，但因病菌侵染寄主的方式和时期比较严格，穗期靠分生孢子进行再侵染次数有限，作用不大。因此，穗枯的发生情况主要取决于花期的初侵染量和子囊孢子的连续侵染。

四、小麦根腐病

小麦根腐病是一种全球性病害，也是我国小麦重要病害之一，严重时小麦幼苗根和茎基发生褐色腐烂，成株后茎、叶早枯，不结实或籽粒不饱满，给小麦产量带来很大的损失。

（一）为害症状

小麦根腐病在小麦全生育期均可引起发病，苗期形成苗枯，成株期形成茎基枯死、叶枯和穗枯。幼苗、根、茎、叶、穗均可受到侵染，由于小麦生长地区以及受侵染时期、部位不同，症状也有所不同。在华北地区表现为苗期根腐；西北干旱地区为茎基腐和根腐；在华南等潮湿地区，各部位均可受害。

1. 幼芽和幼苗

发病后的种子根变黑腐烂，严重时，种子不能发芽或发芽后未及时出土，芽鞘变褐腐烂，造成幼芽烂死。出土后的幼苗因根部腐烂，生长衰弱而造成幼苗死亡。轻者幼苗出土，但茎基部、叶鞘以及根部产生褐色病斑，幼苗瘦弱，叶色黄绿，发育迟缓，生长不良。

2. 叶片

幼嫩叶片、田间干旱、发病初期的叶片外缘成黑褐色，中部有颜色较浅的梭形小斑；老熟叶片、田间湿度大以及发病后期的叶片，病斑为长纺锤形或者不规则形的黄褐色大斑，上面有黑色霉状物产生（分生孢子梗以及分生孢子），严重时叶片提早枯死。叶鞘上有黄褐色、边缘不明显的云状斑块，其中有褐色或银白色斑点掺杂其中。在湿度大的环境下，病部也有黑色霉状物产生。

3. 穗部

从灌浆期开始发病，在颖壳上形成褐色不规则的病斑，穗轴及小穗梗易变色。在湿度大的情况下，病部长出一层黑色霉状物（分生孢子梗及分生孢子），严重时造成整个小穗枯死，不结粒或者病粒干瘪皱缩。一般情况下，枯死的小穗上有十分明显的黑色霉层。

4. 籽粒

被害籽粒的种皮上有不定形的病斑，尤其是边缘黑褐色、中部浅褐色的长条形或者梭形病斑较多。病情严重时，胚部变黑。

5. 根、茎

小麦根腐病在小麦成株期发生根腐和茎腐，根腐的植株茎基部出现褐色的条形斑，严重时茎折断枯死，或直立不倒但提前枯死，呈青灰色，白穗不实，俗称"青死病"。拔起病株时，可见根毛和主根表皮脱落，根冠部变黑并黏附土粒。

（二）识别要点

小麦发病部位潮湿时产生黑色霉状物。

（三）发生规律

病菌以菌丝体和厚垣孢子的形式潜伏在种子内外、土壤以及病株残体上越冬，成为翌年小麦根腐病的初侵染源。如若病残体腐烂，体内的菌丝体随之死亡。分生孢子也能在病株残体上越冬。随着土壤湿度的提高，分生孢子的存活力下降。种子、厚垣孢子和田间病残体上的病菌均能在小麦苗期侵染，尤其是种子内部最为重要。当气温升至16℃左右时，病菌组织以及残体所产生的分生孢子通过风雨传播，在温湿度合适的条件下，病菌直接穿透侵入小麦植株或者通过小麦气孔和伤口侵入。直接侵入时，芽管与叶面接触后顶端膨大，形成球形附着胞，穿透叶片角质层从而侵入叶片内部；通过伤口和气孔侵入时，芽管不形成附着胞而是直接侵入。当气温达到25℃时，病菌的潜育期为5d。在潮湿的环境下，当气温适合时，小麦植株发病不久后病斑上产生分生孢子，进行多次再侵染。小麦抽穗后，分生孢子通过小穗颖壳基部侵入从而使颖壳变褐枯死。颖片上的菌丝蔓延侵染种子，从而使得种子上产生病斑或形成黑胚粒。

五、小麦茎基腐病

（一）为害症状

小麦茎基腐病在小麦分蘖期到成熟期均有可能发生。

1. 死苗、烂种

小麦茎基腐病病菌在种子萌发前侵染小麦，从而导致小麦在苗期枯萎，茎基部叶鞘、茎秆变褐色，根部腐烂。

2. 茎基部变褐色

在小麦生长期，茎基部1～2个茎节出现褐变，严重时会延伸到第六茎节，但不会影响穗部。在湿度较大的环境下，茎节处可见红色或白色霉层。

3. 白穗

受害麦田多出现零星的单株小麦死亡的白穗现象。小麦茎基腐病与其他病害"白穗"病症的区别，小麦茎基腐病和赤霉病无明显病症，纹枯病有波纹病斑，全蚀病有"黑膏药"状菌丝体。

（二）识别要点

成株期植株的茎节表现出褐色的褪色。在潮湿的环境下，有的病株茎节上会产生粉红色或淡橘红色的霉层。

（三）发生规律

小麦茎基腐病是近几年快速增长的小麦病害，主要发生在玉米小麦两熟轮作、秸秆还田较多的河南、河北、山东、安徽、江苏等地。小麦出苗期就可感染，病菌最早可通过衰败的芽鞘侵入地中茎，向上扩展到分蘖节；小麦返青后，病菌向上扩展，在茎基节间形成茶褐色病斑，麦苗生长缓慢，严重时开始死亡；小麦灌浆期造成茎基部分蘖节处枯死，上部茎叶和穗得不到水分而死亡，出现枯白穗，田间拔除时极易从基部折断。重病田成穗大幅度减少，比正常田少50%以上，且穗小籽少。

六、小麦纹枯病

小麦纹枯病又称立枯病、尖眼点病，是一种世界性病害。冬前发病高峰不明显，中后期发病快，有枯穗出现，且枯穗率高，发生较普遍。一般导致小麦减产5%～10%，严重时减产高达20%～40%，为害严重。

（一）为害症状

从小麦播种期到生长后期均可发病。主要为害部位有植株基部的叶鞘和茎秆。有烂芽、病苗、死苗、花秆烂茎、倒伏、枯孕穗等多种发病症状。

1. 烂芽

种子发芽后，芽鞘受到侵染变褐色，继而烂芽枯死腐烂，导致不能出苗。

2. 病苗、死苗

在小麦3～4叶期，第一叶鞘上有中央灰白、边缘褐色的病斑产生，严重时因抽不出新叶而造成死苗。

3. 花秆烂茎

返青拔节后，病斑始于小麦基部叶鞘上，产生云纹状病斑，病斑中部灰白色、边缘浅褐色。多个病斑相连，形成云纹状花秆，即花秆烂茎。在适宜条件下，病斑向上向内扩散，在茎秆上出现中间灰褐色、四周褐色的近椭圆形或椭圆形的"眼斑"，病斑两端稍尖，在田间湿度较大时，染病叶鞘内侧及茎秆上出现蛛丝状白色菌丝体，以及由菌丝纠缠形成的黄褐色菌核。

4. 倒伏

由于颈部腐烂，导致后期麦苗极易倒伏。

5. 枯孕穗

发病严重的主茎和大分蘖，常抽不出穗，最终病株因养分、水分供应不足而枯死，导致形成"枯孕穗"。有的麦苗虽然能够抽穗，但是结实减少，籽粒秕瘦，形成"枯白穗"。枯白穗在小麦灌浆乳熟期最为明显，发病严重时造成田间麦田出现成片的枯死。此时田间湿度如若较大，病株下部出现病菌产生的菌核，菌核近似油菜籽状，极易脱落。

（二）识别要点

叶鞘上产生中央灰色、边缘褐色的病斑，茎秆上形成云纹状病斑，病株可见黄褐色的菌核。

（三）发生规律

1. 初侵染

病菌以菌核或菌丝体在土壤中或者附着在病残体上越冬越夏，成为翌年的初侵染源，其中菌核的作用更为重要。菌核在干燥条件下可保存6年，仍可以萌发。菌核萌发后长出的菌丝在遇到干燥条件而又找不到寄主，48h后会自行死亡。死亡后的菌核在遇到合适的条件，可以再次萌发长出菌丝，且活力不降低。这种每次只有几个细胞萌发且能多次萌发的特性是菌核的一种自我保护机制，以此来达到延长自身存活时间的目的。病残体中菌丝体的作用和菌核相比较差。

2. 传播

小麦纹枯病是典型的土传病害，可以通过带菌土壤传播，带有病残体和病土而未腐熟的有机肥也可以传播病害。此外，也可以通过农事操作传播。

3. 传染与发病

土壤中的菌核和病残体中长出的菌丝在与寄主接触后，形成附着胞或者侵染垫产生的侵入丝直接侵入寄主或者从根部的伤口侵染麦苗。冬麦区小麦纹枯病在田间的发生过程分为5个时期。

（1）冬前发病期。在土壤中越夏后的病菌侵染寄主，在小麦三叶期前后开始出现病斑。整个冬前分蘖期内，麦苗的病株率一般在10%以下，严重者可达到10%～20%。主要通过接触土壤的叶鞘侵入寄主为主，冬前这部分病株是后期形成白穗的主要来源。

（2）越冬静止期。麦苗进入越冬阶段后，病情不再发展。冬前发病期的病株可以带菌越冬，成为春季早期发病的重要侵染源之一。

（3）病情回升期。主要在2月中下旬至4月上旬，主要以病株率的升高为主要特点。随着气温回升，病菌开始大量的侵染麦苗，病株率显著提升。在小麦分蘖末期至拔节期，发病率激增，此时病情多为1～2级。

（4）发病高峰期。在4月上中旬至5月上旬，随着植株拔节、病菌蔓延发展，病菌向上发展，发病情况加重。拔节后期至孕穗期为发病高峰期。

（5）病情稳定期。抽穗以后，随着气温升高、茎秆变硬，病菌停止继续扩展。在5月上中旬，发病情况与侵染数量都基本稳定，病株产生的菌核落入土壤。病重植株因失水枯死，导致枯孕穗和枯白穗的产生。

4. 再侵染

小麦纹枯病通过发病部位产生的菌丝向四周蔓延扩散引起再侵染。麦田发病有两个侵染高峰期，一是在冬前秋苗期，二是在春季小麦的返青拔节期。

七、小麦颖枯病

小麦颖枯病在世界50多个国家均有发生，给小麦生产带来巨大的损失。小麦颖枯病在我国各大麦区均有发生，其中以北方春麦区发生最重。叶片受害率一般达到了50%～98%，颖壳受害率为10%～80%。该病往往与叶斑、叶枯性病害混合发生。受害植株的穗粒数减少，籽粒皱缩干秕，出粉率减少，成穗率受到影响。

（一）为害症状

小麦颖枯病从小麦种子萌发至成熟期均能够发生，可为害小麦叶片、叶鞘、茎秆和穗部，主要为害未成熟的穗部和茎秆。病菌先侵害小麦穗部的顶端或者上部小穗，以后扩散至全穗，症状在小麦乳熟期最为明显，发病初期在颖壳上产生深褐色斑点，后变成枯白色并逐渐扩展至整个颖壳，病斑上长满菌丝和黑色小点（分生孢子器），病重的麦苗不能结实。未成熟的麦穗极易受到病菌侵染，这与随着小麦成熟度增加，颖壳内含糖量减少有关。

小麦叶片受害后先长出长椭圆形淡褐色小斑点，随后逐渐扩散成不规则形的病斑，病斑边缘有淡黄色晕圈，中央呈灰白色，病斑上密生黑色小点。叶片的正、背面均可有病斑产生，但以正面为主。有的叶片在受到侵染后整个叶片或者叶的大部分变黄，但没有明显的病斑产生；剑叶被侵染后，叶片卷曲枯死。叶鞘发病后变黄，叶片上产生黑色小点。病菌能够侵入麦苗导管并将导管堵塞，使节部畸形、扭曲，茎秆上部变灰褐色，随后折断枯死。

（二）识别要点

护颖上产生深褐色斑点。

（三）发生规律

在冬麦区，病原菌主要是在田间病残体或者附着在种子上越夏，秋季病菌入侵麦苗，以菌丝体在病株上越冬；在春麦区，病原菌以菌丝体和分生孢子器的形式在病残体上越夏、越冬。翌年春，当环境条件适宜的时候，分生孢子器释放分生孢子，侵染春小麦。病粒上的分生孢子器和分生孢子也可以作为初侵染源，侵染麦苗。病株上产生的分生孢子通过风、雨传播，不断扩大蔓延。

八、小麦霜霉病

小麦霜霉病又名黄化萎缩病，是一种偶发性病害。该病可以侵染小麦各个生育期，生育期不同、条件不同，发病症状也不同。

（一）为害症状

小麦霜霉病的典型症状为麦苗黄化萎缩，剑叶和穗部畸形。但在不同生育期、不同条件下发病症状也有所不同。

1. 苗期

在2月中下旬至3月初，麦苗返青起即开始发病。病株叶色淡绿并有轻微条纹状花叶。

2. 拔节期

拔节后的病株明显矮化，叶片呈淡绿色，并伴有比较明显的黄白色条纹或斑纹，病叶略有增厚。发病较为严重的植株在抽穗前死亡或者无法抽穗。

3. 穗期

穗期出现各种"疯顶症"，病株剑叶特别宽、长、厚；叶面发皱并且弯曲下垂；穗茎曲或弯成弓形，形成"龙头穗"；穗形不规则，花不结实；基部小穗轴长，呈分枝穗状，下部小穗的颖壳呈绿色小叶片状；在肥力等条件相同的条件下，得病植株的茎秆较健康植株粗壮。病株茎秆表面覆盖有较厚的白霜状蜡质层。病穗黄熟延迟，在健穗黄熟后仍然保持绿色。

（二）识别要点

病株较矮，叶片呈淡绿色，有黄白色条纹，分蘖增多；穗畸形，呈龙头拐状，颖片变叶片状。

（三）发生规律

病菌以卵孢子在土壤中的病株残体上越夏。土壤湿度较大时，有利于病株残体腐烂。腐烂后，越夏的卵细胞在水中萌发产生游动孢子，游动孢子萌发后作为初侵染源侵入麦苗进行为害。卵细胞在10～26℃均可萌发，其中18～20℃为最适温度。此外，发病的野生寄主也是病菌的初侵染源。小麦苗期是霜霉病的主要侵染时期。病菌侵入寄主后，在寄主体内系统发展，菌丝分布在维管束内或邻近组织细胞间。发病后期在病株叶片、颖壳以及叶鞘等组织内，沿维管束两侧产生卵孢子。从苗期发病后，病株数量不再增加，说明小麦霜霉病主要以初侵染为主。

九、小麦叶枯病

小麦叶枯病是引起小麦叶斑和叶枯类病害的总称。叶枯病的病原有20多种，我国目前主要是雪霉叶枯病、蠕孢叶斑根腐病、链格孢叶枯病（叶疫病）、壳针孢类叶枯病、黄斑叶枯病等为害较重，已成为我国小麦生产中的一类重要病害。小麦感染叶枯病后，造成叶片早枯，影响籽粒灌浆，造成穗粒数减少。千粒重下降，有些叶枯病的病原菌可引起籽粒的黑胚病，降低小麦品质。

（一）为害症状

几种叶枯病都以为害小麦叶片为主，在叶片上产生各种类型的病斑，严重时造成叶片干枯死亡。

1. 雪霉叶枯病

主要发生在苗期至灌浆期。麦苗的各个部位均能受害，但主要为害幼芽、叶片、叶鞘和穗部，生长后期造成芽腐、叶枯、鞘腐和穗腐等症状，其中以叶枯为主。小麦拔节前，埋于土中的植株外层变褐色，地上部位无明显症状。拔节后，靠近地表的叶鞘逐渐变褐色，靠近地面的叶片出现病斑，病斑初为水渍状，后扩散为圆形或者椭圆形大斑，直径1~4cm，有明显的边缘，边缘灰绿色，中间污褐色，有多层不明显轮纹。天气潮湿时，在病斑中部覆盖有浅薄的砖红色霉层，即为病菌的分生孢子座和分生孢子。在病斑扩散的边缘，常有一层白色菌丝薄层，在病株茎部叶鞘的表皮下或在枯叶的表皮下有黑色小点，即病菌的子囊壳。分生孢子侵染穗部，可造成穗腐。

2. 蠕孢叶斑根腐病

小麦蠕孢叶斑根腐病又称小麦根腐叶斑病或黑胚病、青死病等，该病除引起根腐以外，还为害麦株其他部位，造成叶枯、穗腐或黑胚等。该病是小麦全生育期典型的多阶段性病害，从幼苗到抽穗结实期均有发生，由于受害部位不同，表现出一系列复杂的症状。

幼苗期导致芽腐和苗枯，成株期引发叶片早枯和穗腐、根腐、茎基腐、叶斑、黑胚粒、籽粒秕瘦等症状。在成株期，叶斑最普遍，为害最重。

（1）芽腐、苗枯。发病重的种子不能发芽或在刚发芽的时候变褐腐烂无法出土，发病轻的种子虽然可以萌发出土，但是胚芽鞘或者其他地下部位发病，导致麦苗在冬前死掉或者麦苗变弱。

（2）根腐、茎基腐。在小麦苗期的胚芽鞘、地下茎或者幼根上出现褐色病变，局部组织腐烂或者坏死，导致地下茎基近分蘖节处出现褐斑，接近地面的叶鞘出现褐色梭形斑，大小为（3~5）mm×（1~3）mm，无法到达茎节内部。病菌导致幼苗发黄，麦田中的病苗矮小、稀疏、叶直立。成株期麦苗下部1~2片叶的叶尖有1~2cm的焦枯，根部发育不良，次生根较少，种子根、茎基表面具有褐色斑点，病斑可深达植物组织内部，导致病部腐烂死亡。病情严重时，次生根根尖或者中部也出现褐变腐烂，分蘖枯死或者在生育中后期部分植株或者全株完全死亡。

（3）叶斑。该病主要在小麦秋苗期或者早春发病，在接近地面的叶片上产生椭圆形病斑，病斑浅褐色至褐色，大小为一至几毫米。拔节后到成株期症状明显，产生浅褐色、椭圆形或梭形病斑，大小为（1~3）cm×（0.5~1）cm，病斑中间枯黄色，周围有黄色晕圈，随着病情的扩展，多个病斑融合形成大斑，最后导致叶片部分或者全部叶片干枯。

（4）穗腐、黑胚粒。穗部染病后，在颖壳基部形成水渍状斑，随后病斑变褐色，病斑表面散生黑色霉层，穗轴和小穗轴也变褐腐烂，小穗不结实或者种子不饱满。在湿度较高的条件下，穗颈变褐腐烂，最终致使全穗枯死或者掉穗。麦芒发病后，产生局部褐色病斑，病斑部位以上的麦芒干枯。种子被病菌侵染后，种胚全部或者局部变褐色，表面或有梭形或不规则形暗褐色病斑产生。有的籽粒染病后，籽粒胚部或周围有深褐色斑点产生，或籽粒带有浅褐色不连续斑痕，斑痕为眼睛状，其中央为圆形或者椭圆形的灰白色区域；还有的是籽粒呈灰白色或带有浅粉色凹陷斑痕，籽粒干瘪，重量轻，籽粒表面有菌丝体。胚部变褐腐烂的种子不发芽或发芽率非常低。

3. 链格孢叶枯病（叶疫病）

小麦链格孢叶枯病发生在小麦生长的中后期，主要为害叶片和穗部。为害叶片时，病菌在叶片上自下而上扩展，严重时造成叶片自下而上枯死。染病初期，有卵圆形或者椭圆形褪绿小斑，大小为（3~23）mm×（1~15）mm。通常病斑中心有黑褐色的叶组织崩坏部，呈眼点状，病斑周围有灰褐色至深褐色的叶组织坏死部，坏死部较大，两端还可以沿叶脉伸展，形成较大的坏死线，致病斑呈长梭形或长条形，边缘黄色，严重时叶鞘和麦穗枯萎，湿度较大时病斑上呈暗色霉层。

4. 壳针孢类叶枯病

小麦壳针孢类叶枯病发生在小麦生长中后期，主要为害小麦的叶片和穗部，造成小麦叶枯和穗腐。为害叶片时自下而上扩展。叶片发病初期，形成淡褐色卵圆形小斑，病斑扩大后形成浅褐色近圆形或长条形病斑，病斑亦可互相连接形成不规则较大病斑。病斑上密生黑色小点（分生孢子器）。

5. 黄斑叶枯病

黄斑叶枯病又称小麦黄斑病。在全国各麦区均有发生，为害严重。该病主要为害叶片，可单独形成黄斑，有时与其他叶斑病混合。叶片染病初期有黄褐色小斑点产生，随后扩展为椭圆形至纺锤形大斑，大小（7~30）mm×（1~6）mm，病斑中央色深，有不明显的轮纹，边缘边界不明显，外围有黄色晕圈。发病后期病斑融合，导致叶片变黄变干枯。

（二）发生规律

5种叶枯病病菌主要以菌丝体潜伏于种子内或以孢子附着于种子表面，再或者以菌丝、分生孢子器、子囊壳在病残体内越夏或者越冬。种子和田间病残体上的病菌为苗期的主要侵染源。感病较重的种子，不出土就腐烂死亡。感病较轻的种子可以出苗，但是生长衰弱。病组织或者残体所产生的分生孢子或子囊孢子借助风、雨传播，直接侵入或由伤口和气孔侵入寄主。在条件适宜的条件下，发病后的病斑又可产生分生孢子或者子囊孢子，进行多次再侵染，致使叶片上产生大量病斑，干枯死亡。

十、小麦全蚀病

小麦全蚀病又称为立枯病、根腐病、黑脚病、致死病，是一种典型的根部病害。主要破坏小麦根系，是小麦的毁灭性病害之一。一般减产10%～20%，病重田可达50%以上，甚至绝收。

（一）为害症状

小麦全蚀病是典型的土传根部病害，根部症状明显。小麦全蚀病主要为害小麦根部和茎基部第一节至第二节处，地上部的症状是根部和茎基部受害引起的。苗期至成株期均可发生，以成株期最为明显。

1. 幼苗期

幼苗期感病后，麦苗地上部分叶片变黄色，植株矮小，麦苗基部黄叶多，病株易从根茎部拔断。种子根、地下茎变黑腐烂，特别是病根中柱部分变为黑色。次生根上也生有大量的病斑，严重时病斑连接在一起，使整个根系变黑死亡。

2. 分蘖期

分蘖减少、重病植株表现出矮化，基部黄叶变多。拔出苗后，用水冲洗麦根，可见种子根或地下茎全部变为灰黑色。

3. 返青拔节期

病株返青变迟缓，黄叶多，拔节后期病株明显矮化稀疏，叶片自下而上变黄。根部大部分黑色，湿度大时，基部和叶鞘内侧和茎基表面形成灰黑色菌丝层。麦田出现矮化发病中心，生长高低不平。

4. 抽穗灌浆期

小麦灌浆期至成熟期症状最明显。病株成簇或者点片出现早枯，呈现特有的"白穗"症状，远看与绿色健康植株形成鲜明对比。病苗极易从土中拔起，但不易倒伏，这是成株期特有的症状。在土壤湿度大时，在茎基部叶鞘内侧形成"黑膏药"状的黑色菌丝层，极易识别。该典型症状是小麦全蚀病与其他小麦根腐病区别的标志之一。

茎基部腐烂部分的叶鞘易剥离，放大后可看到叶鞘内表皮及茎秆表面布满紧密交织的黑色菌丝体和成串联生的菌丝结。收获期病株在潮湿条件下，基部病叶鞘内侧生有黑色颗粒状突起，即为病菌子囊壳。子囊壳的大量出现是在小麦收获以后。

不论苗期或成株期，被害根表面呈灰黑色，将病根横切开，根组织内部（根轴）也呈黑色，这是小麦全蚀病症状的突出特点，也是区别于其他根病的重要标志。

（二）识别要点

小麦根部变黑腐烂，茎基部叶鞘内侧和茎秆表面有黑褐色菌丝层，称为"黑脚"，叶鞘内侧生有黑色颗粒状物。

（三）发生规律

小麦全蚀病病菌是一种土壤寄居菌。小麦从被侵染到发病，从小麦单株发病到群体发病，以及从一个季节发病到下一个季节发病都需要过程，并受到很多条件的影响。

小麦全蚀病病菌和寄主接触后侵入寄主体内，建立寄生关系，在寄主体内获得营养，并在寄主体内生长发育，最后在形态上表现出症状，该过程为病菌侵染过程，简称病程。小麦全蚀病一般不发生再侵染，因此病菌侵染时期和侵染部位与发生为害程度有很大的关联。

小麦全蚀病病菌主要以菌丝体随着病残体在土壤、粪便中越夏或者越冬，作为翌年的初侵染源侵染麦苗。寄生在自生麦苗、杂草或者其他作物上的全蚀病病菌同样可以作为传染下一季作物的传染源。在小麦成熟前或者收获后，病根茬上产生大量的有性世代——子囊壳。小麦全蚀病病菌可通过土壤、粪肥传播，也可以通过子囊壳破裂喷射出大量的子囊孢子，其中一部分子囊落在麦田内，一部分随着气流去其他地方侵染麦苗。

在环境适宜时，小麦出苗后5~7d，全蚀病病菌通过小麦根毛侵入，10d左右，匍匐菌丝沿着根苗蔓延，相继侵入根组织。小麦幼苗期，由于幼苗较嫩，抗病能力差，病菌可轻易侵入薄壁细胞和导管，而成株期的植株由于根、茎组织老化，细胞壁加厚和导管内形成某种黑色沉淀物，加之根际各种微生物数量增多，抗侵染能力强，所以病菌对成株期的植株侵染能力弱。

小麦全蚀病病菌的整个生育期均可以侵染麦苗，以苗期侵染为主。在小麦幼苗期，病原菌有很多侵染点，可从小麦幼苗的种子根、胚芽以及根茎下的节间侵入作物组织内部，也可以通过胚芽鞘、外胚叶侵入植物组织。小麦全蚀病病菌的菌丝除了褐色粗壮的匍匐菌丝外，还有一种侵染菌丝，称为细菌丝。细菌丝比较纤细，呈无色透明状，可以侵染寄主。在细菌丝无法侵染组织时，其细胞壁逐渐变褐变厚，成为匍匐菌丝。小麦出苗后，病残体上的菌丝体在小麦根毛区反复分支，形成细胞团，在根毛表面的类似附着胞的组织上长出侵染菌丝侵染根毛。随后侵染菌丝侵染根的皮层，根部皮层被迅速蔓延，尤其是外缘部分，菌丝体在根皮层部位与根的纵轴作平行方向蔓延，随后病菌侵染根轴。随着侵染的加深，菌丝变细。侵染菌丝侵入细胞时，细胞壁环绕侵入菌丝形成一种叫做"木质管鞘"的反应结构，木质管鞘在侵染菌丝侵染前、后均可形成。在侵害严重时，所有除木质部以外的根部组织全部腐解。从种子根、根茎下的节间、外胚叶，病菌可继而侵入到根茎。根茎部受害比根部严重，影响各方面的发育，甚至引起幼苗死亡。

"全蚀病自然衰退"（Take-all Decline，TAD）指全蚀病田连作小麦或者大麦，当病害发展到高峰后，在不采取任何防治措施的情况下，病害自然减轻的现象。该现象在国内外均可发生。该现象发生的先决条件有两个，一是连作，二是为害达到高峰，二者缺一不可。病害达到高峰的标志为白穗率在60%以上，且病田出现明显的矮化早死中心。经研究调查发现，小麦连作区全蚀病从田间零星发病到全田块严重为害一般需要3～4年，若土壤肥力高则病害发展缓慢，达到高峰期则需要6～7年。严重为害时间在1～3年，随后病害趋于下降稳定。如果病害高峰期出现后中断感病寄主连作或进行土壤消毒，那么TAD则不会出现。全蚀病自然衰退现象与土壤中的拮抗微生物有关，其中荧光假单胞菌为重要类群。出现TAD的土壤有明显抑菌作用，如果将抑菌土经热力或者杀菌剂处理后，其抑菌作用将会消失。

十一、小麦黑胚病

小麦黑胚病又称为黑点病，是侵染小麦籽粒胚部或者使其他部分变色的一种病害。

（一）为害症状

小麦被侵染后，胚部会产生黑色小点。若感染区沿腹沟蔓延并在籽粒表面占据一块区域，会导致籽粒出现黑色病斑，使得小麦籽粒变成暗褐色或者黑色。不同病原真菌侵染小麦，产生的黑胚症状不同。

1. 黑胚型

由链格孢侵染引起。通常在小麦籽粒胚部或者胚的周围出现深褐色斑点，这种褐色或者黑色的斑点为典型的"黑胚"症状。

2. 花粒型

由麦类根腐德氏霉侵染引起。一般籽粒带有浅褐色不连续斑痕，其中央位置为圆形或者椭圆形的灰白色，引起典型的眼状病斑。链孢霉侵染引起的症状是籽粒带有灰白色或者浅粉红色凹陷斑痕。籽粒一般干瘪、重量轻、表面长有菌丝体。

小麦籽粒在湿度大的环境下，产生灰黑色霉层，部分产生灰白色至浅粉色霉层。

（二）识别要点

小麦籽粒潮湿时或保湿情况下产生灰黑色霉层，部分产生灰白色至浅粉色霉层。

十二、小麦煤污病

小麦煤污病又称煤烟病，是小麦植株上产生一层由煤污病引起的煤灰。该病病菌对小麦叶片、麦穗、茎秆都有为害。发病初期，侵染部位产生许多散生的暗褐色至黑色辐射状的霉斑。病斑有时候会相连成片，形成煤污状黑色霉层。黑霉只存在于植株表层，可用手擦去。为害严重时，小麦整棵植株成片污黑，影响植株生长。

十三、小麦腥黑穗病

小麦腥黑穗病又称腥乌麦、黑麦、黑疸。除去南部少数地区外，在全国各麦区均有发生。小麦腥黑穗病主要包括网腥黑穗病和光腥黑穗病两种。网腥黑穗病病菌厚垣孢子的表面有网状花纹，而光腥黑穗病病菌厚垣孢子表面光滑，这是两者的区别。

（一）为害症状

小麦腥黑穗病病菌主要侵染穗部，病株较矮，分蘖多，病穗短且直，颜色较深，初为灰绿色后变为灰黄色。颖壳和麦芒向外张开一点，露出部分病粒（菌瘿）。病粒比健康籽粒粗短，初为暗绿色，后变为灰黑色或者淡灰色，外面包有一层灰白色薄膜，内部充满散发鱼腥味的黑色粉末（病菌厚垣孢子），破裂后散发出含有三甲胺鱼腥味的气体，因此成为腥黑穗病。

（二）识别要点

小麦腥黑穗病病株分蘖增加，病粒粗且短，内有黑色粉末，有鱼腥气味，用手指轻轻按压，易破裂。

（三）发生规律

小麦腥黑穗病病菌以厚垣孢子附在种子表面或者粪肥、土壤中越冬或者越夏。小麦脱粒时，病粒破裂，厚垣孢子四处飞散，黏附在种子表面，成为传播病害的主要途径。此外，用带有病菌的麦糠、麦秸、淘麦水等沤粪或者喂牲口，使粪肥中带有病菌，在麦地中施入带病菌的粪肥后，可以使麦苗感病。收获小麦时，落在土壤中的病菌孢子能够存活较长时间，也可以传播病害。厚垣孢子随着小麦种子发芽随即萌发，厚垣孢子产生先菌丝，先菌丝顶端产生6~8个线状担孢子，不同性别的担孢子先在菌丝上呈"H"状结合，然后萌发为较细的双核侵染丝，通过芽鞘侵入麦苗后到达生长点，随后以菌丝体形态随着小麦生长而发育，到孕穗期病菌侵染小麦子房，破坏花器，抽穗时在麦粒内形成菌瘿即病原菌的厚垣孢子。

小麦腥黑穗病在小麦幼苗期开始侵染，影响小麦幼苗出土快慢的因素，如土温、墒情、通气条件、播种质量、种子发芽势等均影响病情的轻重，主要影响因素是土温和墒情。病菌侵染小麦幼苗的最适温度为9~12℃，最低5℃，最高为20℃。春小麦发育的适宜温度为16~20℃，冬小麦发育的适宜温度为12~16℃。影响种子发芽和幼苗生长的因素有温度、播种深度等。温度低、播种深不利于种子发芽、幼苗生长，延长了幼苗出土时间，增加了病菌侵染的机会，提高发病率。因此冬麦迟播、春麦早播，发病严重。另外，病菌孢子萌发需要水分和氧气。土壤湿度低，水分不足影响孢子萌发。土壤过湿，则会导致供氧不足，也不利于孢子萌发。一般土壤含水量在40%以下，适于孢子萌发，利于病菌侵染。

十四、小麦散黑穗病

小麦散黑穗病，俗称黑疸、灰包、乌麦等，在我国春、冬麦区普遍发生。冬麦区，长江流域比华北地区发生重。春麦区，东北地区比西北和内蒙古地区发生严重。

（一）为害症状

小麦散黑穗病主要侵染小麦穗部，偶尔也侵害叶片和茎秆，在其上产生条状黑色孢子堆。病株虽略矮于健株，但是病穗抽穗早。病穗在出苞叶之前内部已充满黑色粉末即病菌的厚垣孢子，病小穗外面包有一层灰色薄膜，成熟后薄膜破裂，有黑色粉末散出，只残留裸露的穗轴。病穗上的小穗全部或部分被毁，仅上部残留少数健穗。一般主茎、分蘖都会出现病穗。当小麦同时受腥黑穗病菌和散黑穗病菌侵染时，病穗上部表现腥黑穗，下部表现散黑穗。

（二）识别要点

小麦散黑穗病整穗或多数小穗的子房、种皮及颖片均变为黑色粉末，粉末分散后，仅残留穗轴。

（三）发生规律

小麦散黑穗病病菌属于花器侵染类型，一年侵染一次。该病为典型的种传病害，带菌种子是病害传播的唯一途径。在小麦扬花期，病穗散出厚垣孢子。冬孢子借助风力传送到健花柱头上，当柱头开裂并有润湿分泌物时，冬孢子萌发产生先菌丝，先菌丝产生4个细胞分别生出丝状结合管，异性结合后形成双核侵染在子房下部或籽粒的顶端基部穿透子房壁表皮直接侵入，并穿透果皮和珠被，进入珠心，潜伏于胚细胞间隙，当籽粒成熟时，菌丝体变为厚壁休眠菌丝，潜伏于种子胚内越冬。种子外表不显症，新形成的染病麦粒跟健康的麦粒没有差别，并随着植株生长向上发展，形成系统侵染。病害侵染在孕穗期达到穗部，在小穗内继续生长发育，最后菌丝变成冬孢子，成熟后冬孢子散出，随风传到健穗的花器上再萌发侵入，开始下一个侵染循环。小麦散黑穗病发病率高低与上一年扬花期的气象条件、病菌侵入率有很大关系。开花期湿度大、温度高、微风有利于孢子的传播、冬孢子萌发和侵入，导致种子带菌率高。当开花期遇到暴风雨，冬孢子被淋于地下，不利于传播，发病则轻。

第二节 小麦细菌性病害的发生与识别

一、小麦黑颖病

小麦黑颖病病斑出现在颖壳上时称为小麦黑颖病，病斑出现在叶片上时称为小麦细菌性条斑病。该病可为害小麦、大麦和黑麦，以孕穗开花期为害最严重，可减产

10%~30%。

（一）为害症状

小麦黑颖病自小麦幼苗期至成熟期皆可发病。病菌主要侵染叶片和穗部，发病严重时可为害叶鞘、茎秆、颖片、籽粒以及麦芒。叶片初侵染病害时，呈现水渍状透明的淡绿色斑点，逐渐沿叶脉扩展为半透明的条形斑。病斑呈黄褐色，在湿度大的环境下，病斑溢出黄白色细菌性脓液，干缩后变成白色薄膜状或者黄色胶粒。茎部染病，在茎秆、叶鞘和穗轴上发生长条状的褐色条斑，严重时在干燥条件下，病斑后期呈现白色薄膜状。麦穗染病初期，颖片上产生水渍状细小条纹，随后扩散为褐色条斑，严重时麦芒变褐枯死。病株穗茎上发生黑褐色、宽条状或者分布密集的斑点状病斑，颖端部变色是本病的特征。

（二）识别要点

病株穗茎上发生黑褐色、宽条状或者分布密集的斑点状病斑，颖端部变色。

（三）发生规律

小麦黑颖病的初侵染源是带菌的种子。病残体和其他寄主为次要侵染源。病菌在土壤中无法存活，随着病残体在土壤中或在种子上越冬。翌年春天病菌通过种子进入导管，进行系统侵染。侵染部分溢出的菌脓中含有大量的病原细菌，病菌通过风、雨等从寄主伤口或者自然孔口侵入，进行多次侵染，导致病害进一步扩展和蔓延，最后到达穗部形成病斑。

病菌侵染寄主的最适宜温度是22~28℃。在18~30℃，温度越高潜育期越短，一般在12~72h内。光照度在16 000lx时适宜发病。高温高湿利于该病扩展，因此小麦孕穗期至灌浆期，如果降雨频繁，温度高则发病重。大水漫灌、播种过密、小麦重茬、管理粗放、氮肥施用过多等都有利于小麦黑颖病的发生。湿度大、结露多则使病情加重。因为小麦黑颖病病菌是冰核细菌，所以在小麦返青期遇到低温霜冻天气时，会诱发和加重为害。冬小麦播种早、气温高导致旺苗，翌年病害加重。

小麦受到黑颖病病菌侵染后，致使小麦种子普遍带菌。大面积种植带菌和易感品种是病害流行的关键因素。前茬小麦发病后病菌在病残体上积累，导致后茬小麦发病严重。

二、小麦黑节病

（一）为害症状

小麦黑节病病菌能够为害叶片、叶鞘、节及节间。叶片被侵染后，初生水渍状条斑，随后病斑颜色变为黄褐色，最后为长椭圆形至长条形的黑褐色病斑。叶鞘被侵染后，小麦叶鞘上散生黑褐色条斑，最后叶鞘全部变为浅褐色。病菌侵染茎秆后，主要为害节部，随后扩至节间，病部呈现深褐色，秆部发病早则会逐渐腐败。叶片变黄，由下向上枯死，节部变黑是本病的基本特征，发病重时可造成绝收。

（二）识别要点

叶片变黄，由下向上枯死，节部变黑。

（三）发生规律

病菌通过种子和病秆传播。病菌在干燥条件下可长期存活，干燥种子上的病菌可存活至秋季。低洼地、湿度高的环境下病菌繁殖快、发病重。

三、小麦蜜穗病

（一）为害症状

小麦蜜穗病发生在小麦抽穗后。小麦感病后病株心叶卷曲，湿度高时有黄色胶状物以及细菌溢脓。病秆弯曲。新生叶抽出时往往受到菌脓阻碍而粘有细菌分泌物。病株多不能抽穗，即使抽穗，穗也很瘦小，小穗的一部分或者全部不能正常结实。在麦穗上出现明显的黄色渗出物，穗和穗颈出现扭曲的黏液团块。干燥后菌脓凝结硬化，形成胶状小颗粒，呈现干枯状。当小麦成熟时，整个麦穗呈现胶质细棒状。病株较健株矮10～20cm。

（二）发生规律

小麦蜜穗病病原细菌必须同小麦粒线虫相伴侵染。从小麦粒线虫病带菌虫瘿中游出的粒线虫都带有该病原细菌，而小麦蜜穗病病原细菌也必须伴随小麦粒线虫才能侵染小麦发生蜜穗病。侵染小麦的细菌和线虫，如果细菌超过线虫，则小麦发生蜜穗病。如果线虫超过细菌，则发生粒线虫病或者部分发生蜜穗病，部分发生粒线虫病。虫瘿中带有病原细菌，并可以存活多年。经研究表明，除非用带有小麦蜜穗病病原细菌的线粒虫虫瘿接种，否则不能单独用病原细菌接种小麦感染蜜穗病，这说明了两者是相伴病原。

第三节 小麦病毒性病害的发生与识别

一、小麦黄花叶病毒病

小麦黄花叶病毒病又称小麦梭条斑花叶病毒病，使麦田减产10%～50%，重病田减产70%～85%。

（一）为害症状

小麦黄花叶病毒病在小麦苗期侵染麦田，使得小麦新生的叶片可能出现褪绿或者扭曲的现象，在小麦拔节期后，病症明显，病株先从心叶叶尖或者中部开始褪绿。在病株嫩叶上出现初为淡绿色至橙黄色斑或者梭形点，不久变为黄色或者淡绿色不连续短条状，逐渐扩大为黄绿相间的斑驳或者不规则条斑，条斑的中心会导致坏死。叶脉最初呈现绿色，随后全叶枯黄色枯死。少数品种植株心叶褪绿严重，有时细弱扭曲，有的出现葱管状症状。老叶不显状。穗短小，有的穗轴弯曲，形成各种畸形穗。病株根系发育差，拔节后生长纤弱，植株松散分布，分蘖萎缩，重病株在抽穗前多数分蘖甚至整株枯死。

（二）识别要点

小麦叶片出现梭条斑或者叶片黄化、植株矮化。

（三）发生规律

该病主要依靠带病菌的土壤、病根残体和病田流水的扩散自然传播，汁液的摩擦接种也能够传播病毒；传播的直接生物媒介为居于土壤中的禾谷多黏菌。侵染温度一般为12～16℃，侵染后在20～25℃的环境下迅速增殖，潜育期为14d，14d后出现症状。

不同小麦品种间抗病性差异显著，长期大面积的单一化种植易感病品种，是病害流行的主要因素。小麦秋播后，在温度适宜以及土壤湿度充足条件下，4～10d就会发生病毒侵染，10～20d侵染达到高峰。

二、小麦黄矮病

（一）为害症状

小麦黄矮病病毒在小麦整个生育期均能侵染，表现症状随着寄主种类、品种、染病生育期及环境条件的差异而不同。

小麦苗期感病导致植株生长缓慢，分蘖减少，扎根浅，易拔起，新叶从叶尖逐渐向叶基扩散变黄，黄化的部分占全叶的1/3～1/2，叶基为绿色，有时出现与叶脉平行但不受叶脉限制的黄绿色相间的条纹，叶片增厚。冬小麦病株在越冬期间容易冻死，能够存活下来的在翌年春天分蘖减少，病株严重矮化，不抽穗或者抽穗很小。拔节孕穗期感病的植株矮小，叶片从新叶叶尖开始发黄，沿叶片边缘向叶基部扩展蔓延，病叶质地光滑，随后逐渐变黄变枯，而下部叶片仍为绿色，病株虽然能抽穗，但籽粒秕瘦。穗期感病的植株一般只有旗叶发黄，为鲜黄色，植株矮化不明显，能够抽穗，但是粒重降低。同生理性黄化的区别在于，生理性的黄化是从下部叶片开始发黄，整个叶片发病，田间的发病比较均匀；而黄矮病下部叶片为绿色，新叶黄化，旗叶发病较重，从叶尖开始发病，先出现中心病株，随后向四周扩展。

（二）识别要点

小麦植株矮缩，叶片从叶尖开始发黄。

（三）发生规律

小麦黄矮病侵染和发病共有两个阶段，第一个阶段为秋苗感染形成发病中心，第二个阶段为春季田内再扩展导致病害的流行。

小麦黄矮病病毒的侵染循环在冬麦区、冬春麦混种区、春麦区各有不同。冬麦区在冬前感病的小麦是翌年早春的发病中心，返青后，第一次发病高峰在拔节期，发病中心的病毒随着麦蚜迁移扩散，到抽穗期形成第二次发病高峰期。5月中下旬，各地小麦逐渐进入黄熟期，麦蚜因为植株老化，营养不良，形成有翅蚜向越夏寄主迁移，在越夏寄主上取食、繁殖和传播病毒。秋季小麦出苗后，麦蚜迁回麦田，特别是取食田边小麦，并在其上繁殖和传播病毒，并以有翅成蚜、无翅若蚜在麦苗基部越冬。玉米和小麦轮作黄矮病田间交互传播现象严重，尤其是夏播玉米的黄矮病，可以作为小麦黄矮病的初侵染源之一。

春麦区较为复杂，携带病毒的麦蚜通过气流远程迁飞传播该病，使得冬春麦区的黄矮病流行形成内在联系，地处黄河流域的冬麦主产区是麦蚜和黄矮病毒的越冬场所。在冬麦区的小麦扬花灌浆乳熟期，传播病毒的蚜虫因为小麦营养条件恶化和温度升高，有大量的有翅蚜产生，并随着西南气流向北迁飞。而此时北方春麦区正处于分蘖至拔节期，适宜蚜虫继续繁殖和传播病毒为害。麦蚜从冬麦区迁移至春麦区传播黄矮病毒，成为春麦区小麦黄矮病初侵染源。冬春麦区小麦生育期的衔接为麦蚜种群及其病毒的延续提供了十分有利的生态环境。到秋季传播病毒的有翅蚜又随着西北气流返回冬麦区越冬。根据麦蚜的迁飞变动规律及黄矮病的发生情况，黄矮病发生可划分为冬麦发生区和春麦发生区两个类区。彼此结合成为一个流行区域，从而完成病害的周年循环。

三、小麦丛矮病

小麦丛矮病又名小麦坐坡病、小老苗、小麦小叶病，是由传毒介体灰飞虱传播的一种病毒病害，是一种主要发生在我国北方麦区的主要病害。发病后，可导致越冬期小麦死苗，造成缺苗断垄。严重发病地块，会导致翻耕毁种，给小麦生产带来严重为害。灰飞虱在小麦上传毒侵染有两个高峰期，第一个高峰期为小麦播种出苗后；第二个高峰期是在小麦返青后，随着气温逐渐回升，越冬代的灰飞虱开始在麦苗上活动取食，传播病毒，感染越早或者显现丛生、矮缩症状越早，对产量的影响越大。

（一）为害症状

小麦感病后，最初症状是心叶上有黄白色相间的连续的虚线条，随后发展为不均匀的黄绿色相间的条纹，植株矮化，分蘖多，形成丛矮状。冬季前感病严重的植株枯死不能越冬，感病较轻的植株越冬后有的不能拔节，有的不能抽穗，有的抽穗后籽粒灌浆不饱满，为害程度差别很大。返青期感病的植株一般发病较轻。

冬小麦播种20d后就可以发病。秋苗二叶期就开始表现出症状，首先从叶茎开始，出现叶脉间褪绿或者叶茎发黄，以后逐渐向叶尖扩散。发病轻的在叶脉间出现断续的短而纤细的黄白色或者淡黄色或者黄色条纹；发病稍重的，条纹不受叶脉限制，从叶茎到叶尖形成1~3条跨叶脉平行褪绿色条纹，叶脉为黄色，有不明显的矮化症状，有部分抽小穗；发病重的，植株矮小叶片变黄色，新叶不能够伸展，呈细弱针状，分蘖多，20~30个分蘖，不抽穗。也有个别植株分蘖不增多的，但根系分根少且粗短，并且有褐色坏死。冬季前感病并且显症的植株，分蘖增多并且细弱，苗色变黄瘦弱，大部分植株不能越冬而死亡。发病较轻的植株返青后分蘖继续增多，分蘖细弱，叶部依旧有明显黄绿色相间的条纹，病株严重矮化，一般不能拔节抽穗或者早期枯死。部分感病晚的病株以及早春感病的植株，在返青期和拔节期陆续显病，心叶有条纹，与冬前显病植株相比，叶色比较浓绿，叶茎稍粗壮。拔节以后感病植株只有上部叶片显条纹，能抽穗，但是籽粒秕瘦。

（二）识别要点

染病植株上部叶片有黄绿相间的条纹，分蘖显著增多，植株矮缩，形成明显的丛矮状。

（三）发生规律

小麦丛矮病毒主要由灰飞虱传播。灰飞虱吸食后，需要经过一段循环期才能传播病毒。日均温在27℃需要10~15d，20℃需要15.5d。1~2龄若虫容易传毒，成虫传播病毒能力最强。一旦携带病毒，便可终身携毒。但是卵不能传播病毒。病毒一般在携带病毒的若虫体内越冬。冬小麦发病的主要时期在秋季。一般在有毒源存在的情况下，冬小麦播种越早，秋苗受侵染越早，发病越严重。防治病害的关键是控制秋苗早期侵染。另外玉米套种冬小麦或者棉田套种冬小麦地块发病较重。靠近沟边地头杂草近的发病重，这是因为增加了灰飞虱连续传播侵染的机会。

四、小麦土传花叶病

小麦土传花叶病是最早报道的小麦病毒病害，也是最早报道的土传植物病毒病害。小麦受害后，返青、拔节、抽穗、成熟期大大推迟，植株矮化，成穗率降低，一般植株的穗粒数减少10%~60%，千粒重降低25%~50%，产量降低30%~70%。小麦土传花叶病可同小麦梭条斑花叶病在田间混合侵染，两者田间症状及发病特点极其相似，不易区分，通过电镜观察病毒颗粒体或者血清学方法可区分两种病。

（一）为害症状

冬小麦苗期被侵染后，植株一般不表现症状，翌年3月返青期开始出现病株。症状总体来说分为两个阶段，小麦返青至拔节期为黄叶阶段，拔节后期花叶逐渐明显为花叶阶段。抽穗后，由于气温升高，病株恢复生长较快，发病较轻的植株症状潜隐。

黄叶阶段，一般先在未展开的心叶上出现褪绿线状条斑。受侵染的地块远看似缺肥、受冻。整株叶片变黄变紫，叶尖干枯，质地脆，新叶基部褪绿，有不明显的短线状条斑，拔节晚，矮缩不长新根，根系呈现"鸡爪状"，分蘖少。

发病植株拔节后，叶片褪绿现象加重，条斑联合成不规则的淡黄色短线条斑驳，即花叶阶段。病叶上的短线条斑驳，有的出现在叶的前半部，有的在中部或者基部。整个叶片上的斑驳多少和宽窄不同。叶鞘和颖壳上也出现褪绿短线状条斑。整颗病株出现株型松散、矮化，叶片呈现斑驳花叶，穗短小，籽粒秕瘦，贪青晚熟。

（二）识别要点

小麦叶片出现梭条斑，心叶卷曲，植株矮化。

（三）发生规律

小麦土传花叶病主要由土壤中的禾谷多黏菌传播，无法通过种子和昆虫媒介传播，可通过发病植株汁液摩擦传播病害，但影响不大。秋季小麦出苗后，多黏菌的休眠孢子变为游动孢子，带毒的游动孢子侵染小麦植株的表皮时，将病毒传到小麦的根部。游动孢子侵入根部后发育为变形体，再形成游动孢子，进行再侵染。小麦成熟前，游动孢子形成结合子，在根表皮内发育成变形体，再形成休眠孢子堆，内部装有休眠孢子，病毒在游动孢子以及休眠孢子的原生质内。病毒在游动孢子及休眠孢子的原生质内越夏，这些游动孢子被释放到土壤后或者随病株残根进入土壤后，再一次侵入麦苗幼苗根时，将病毒带入寄主体内导致寄主发病。病毒在禾谷多黏菌休眠孢子中存活5~6年。在田间主要靠病土、病根茬及病田流水传播蔓延。

第四节　小麦粒线虫病害的发生与识别

一、小麦粒线虫病

小麦粒线虫病又称为小麦粒瘿线虫病。在我国普遍发生，一般使小麦减产10%~50%，全国每年由于线粒虫病小麦减产20%以上。

（一）为害症状

在小麦幼苗期到成株期均可为害，主要为害小麦植株的地上部分，但以在麦穗上形成虫瘿最为典型。该病害在小麦不同的生育期表现出的症状不同。苗期主要为叶片皱边、褪绿微黄，严重时造成小麦枯萎死亡。发病植株在小麦抽穗前叶片皱缩、卷曲畸形、茎秆肥肿扭曲、节间缩短，也在幼叶上出现小的圆状突起即为虫瘿。孕穗后，茎秆肥大、植株矮小、节间短，受害重的不能抽穗，有的能抽穗但不结实而变为虫瘿。有时一花裂为多个小虫瘿，有时是半病半健，病穗较健穗短，色泽深绿。虫瘿开始时为绿色，后来变为褐色或者黑色，变硬，常使小穗颖壳张开。切开虫瘿，有白色絮状物即小麦粒线虫的幼虫。该病与小麦腥黑穗病的病粒的区别为，前者病粒硬、不易压碎，内含有白色絮状物；后者病粒易压碎，内有黑粉。

（二）识别要点

病穗颖壳外张，虫瘿黑褐色，短并且圆，比较坚硬。

（三）发生规律

在干燥的条件下，2龄幼虫在褐色虫瘿内可以存活10年以上。当幼虫离开虫瘿进入土壤后，若遇不到寄主最多存活几个月。粒线虫耐低温不耐高温，吸水后虫瘿在50℃下30min可导致虫瘿内的幼虫100%死亡。

小麦粒线虫病发生轻重取决于种子间混杂着的虫瘿的数量。种子中混杂的虫瘿多发病就重，反之则轻。潮湿凉爽的气候适合线虫的侵染。所以，冬小麦适当早播、地温高、发芽快、麦苗壮，线虫侵染机会少，发病则轻。干旱沙土条件适于线虫生长发育，使小麦发病加重，反之则轻。

二、小麦孢囊线虫病

小麦孢囊线虫病一般可使小麦减产23%~50%，严重者可达73%~89%。此病除线虫本身为害以外，还可以引发根腐病等真菌性病害。

（一）为害症状

小麦孢囊线虫寄生在小麦根部。受害植株地上部位似缺肥水状，苗期表现出黄化、长势弱、根分叉多并且短的症状，扭结成团。分蘖期成片黄化、分蘖率低、生长稀疏。矮化植株穗小、籽粒不饱满。抽穗扬花期根侧部鼓包、皮裂，露出孢囊，孢囊开始时发白发亮，随后变褐变暗，老熟孢囊易脱落。根上孢囊是该病的鉴别性特征，也是该病与其他根病及生理性病害的主要区别。小麦抽穗期至扬花期是调查该病发生及其为害的最佳时期，在该时期挖取小麦全部的根系，轻轻抖落根部表面的土，可看见根部表面有白色亮晶状小颗粒即线虫白孢囊，挤压孢囊有内容物溢出。

（二）识别要点

小麦地下部分的根分支多并且短，形成大量根结和白亮至暗褐色粉粒状孢囊，植株矮化、叶片发黄等营养不良的症状。

（三）发生规律

孢囊线虫在我国华北、华中麦区一年发生1代。秋天，冬小麦出苗后线虫便开始侵染，在麦苗根内越冬。翌年春天，气温回升，线虫开始生长发育，在4月上中旬（华中）或者5月上旬（华北）小麦根部可看见白色孢囊。该线虫喜欢低温环境，低温刺激孵化，高温环境下滞育。10～15℃为最合适孵化的温度。该线虫孵化受温、湿度影响很大，并不受根系渗出物的影响。

孢囊线虫在田间呈水平上的聚集分布，垂直上大部分分布于5～30cm的耕作层。沙壤土和沙土透气性好，线虫密度大，为害严重。肥沃、疏松、保水性能好的壤土，孢囊含量多。板结、贫瘠的黄棕土中孢囊含量少。孵化期天气凉爽，降雨多，有利于线虫的孵化，为害增重。土壤肥力差的地块，小麦长势弱，线虫为害严重。

孢囊线虫在早期的侵染期是为害的关键时期，该时期对小麦生产造成的影响很大。

第五节　小麦病害综合防治技术

小麦病害的防治要坚持"预防为主、综合防治"的原则，以农业防治、物理防治、生物防治为主，化学防治为辅。优先采用农业预防措施和物理、生物等方法防治，再科学地使用化学农药防治。

一、农业防治

目前，常用的农业预防措施主要有以下几点。

（一）清除杂草

播种前清除田间以及四周杂草，集中烧毁。深翻灭茬，促使病残体分解，减少越冬的病原体。

（二）品种选择

种植抗、耐病品种和选用优良健康、包衣、无病、无虫瘿的种子。选择抗病品种是防治小麦病害最经济有效的措施。目前生产上推广的小麦品种大部分都是感病的，在适宜的条件下，小麦病害很容易造成流行。因此选用抗、耐病小麦品种可以增加小麦抗病能力，减少病害的发生传播和流行。另外没有包衣的种子，在播种前对其进行消毒，是防病的关键。

（三）轮作换茬

实行轮作换茬，避免连作。小麦—玉米—小麦的连作方式有利于土壤中病原菌的积累，导致病害逐年加重，因此与非禾本科作物进行轮作，水旱轮作，或与非寄主作物进行1年以上轮作，可以减少病源，改良土壤。

（四）加强田间栽培管理

（1）病田适时迟播，避开传毒介体对麦苗侵染的高峰期。

（2）加强中耕除草。

（3）在麦苗发病初期，加强肥水管理，病地年前早浇水，结合施肥，翌年早镇压、划锄，提高地温，增施磷肥和钾肥。

（4）清洁田园，小麦收割后和播种前清除田间以及四周杂草，集中烧毁。深翻灭茬，促使病残体分解，减少越冬的病原体。

（5）及时拔除病株、严重虫害株，并及时销毁。

（五）清除病残体

小麦秸秆根茬病残体是最直接的菌源物，发病麦田应将秸秆、根茬全部焚烧。

（六）对种植土壤及时进行土壤肥力恢复、土壤杀菌等准备工作

在土壤病菌多或者地下害虫严重的地块，应在播种前撒施或者沟施灭菌杀虫的药土，尽量减少土壤中的菌源与虫卵。

（七）田块选择

选用排灌方便的田块，开好排水沟，降低地下水位，达到雨停无积水；大雨或者大雪过后应及时清理沟系，防止湿气滞留，降低田间湿度，这也是防病的重要措施。

二、物理防治

根据病虫对某些物理因素的反应规律，利用物理因子防治病虫害。

（一）设置防虫网

防止害虫入侵，可控制蚜虫、灰飞虱传播疾病。由于阻断了病毒病传染源——蚜虫、灰飞虱，对病毒病有明显的预防效果。

（二）高温灭菌

如用55～60℃温水浸种，可杀死种子内外潜伏病菌；用电热器40～60℃高温下处理15cm深的土壤数分钟，可减少土传病害。

（三）及时地抢晴收割、脱粒，做到随收随脱粒

入仓前麦粒要摊开晾晒干或者用烘干机器烘干，防止后期病害的传播。

（四）温汤浸种

先将麦种在冷水中放置4～6h后捞出，随后放到49℃的温水中浸泡1min，然后放置到54℃的热水中浸泡10min，随后立即取出放置在冷水中，冷却后捞出晾干。

（五）石灰浸种

用生石灰0.5kg溶在50kg水中，浸泡麦种30kg，要求水面高出种子10～15cm，种子厚度不得超过66cm，在20℃下浸泡3～5d，25℃下浸泡2～3d，30℃下浸泡1d，浸种后不用冲洗，摊开晒干即可播种。

三、生物防治

广义的生物防治是指利用一切生物手段防治病害。狭义的指利用微生物的拮抗作用，杀死或抑制病原物的生长发育来防治作物病害。应用微生物防治病害，其机制主要包括竞争作用、抗生作用、寄生作用、捕食作用及交互保护反应等。

（一）土壤处理

在土壤消毒以后，再使用生防微生物制剂可以明显提高防效。可杀死病原菌或减少其群体，抑制病原菌在植物体和土壤中的定殖，保护萌发的种子和幼根不受病菌侵染。对一些土传病原菌，用具有重寄生能力的拮抗菌（如木霉等）能起到一定的抑制作用。此外，用捕食线虫真菌、线虫卵寄生菌或天敌线虫处理土壤，能有效控制线虫病害。将木素木霉、亚木霉和绿色木霉培养物施入播种沟内，可使白穗率显著下降。

（二）种子处理

一些拮抗真菌、拮抗细菌及其制剂均可用作种子处理，包括浸种或包衣，也称生物种子处理。如用木霉菌浸种，可使小麦全蚀病病菌的感染率降低，产量增加。在种子包衣的拮抗菌中添加一些物质往往能提高防病效果。但是在加入添加剂时，必须十分谨慎，防止添加剂对病害菌的促进作用。此外，用80%乙蒜素乳油5 000倍液浸种24h后，捞出晾干播种，可以有效地防治小麦叶枯病。

（三）生物防治

生物农药是指利用生物活体及其代谢产物制成的防治病害的制剂，即微生物农药。包括保护生物活动的保护剂、辅助剂和增效剂。如5%井冈霉素水剂1 000倍液、80%乙蒜素乳油5 000倍液防治小麦叶枯病。土壤中存在的假单胞菌属、芽孢杆菌属、木霉属、青霉属、芽枝霉属、毛霉菌科的菌株对小麦全蚀病病菌有不同的抑制作用。

生物防治措施必须与其他防病措施如栽培、施肥、抗病品种，甚至与低剂量可亲和的化学药剂结合起来，才能获较完美的效果。生防菌或制剂与低剂量的杀菌剂结合有明显的增效作用，并保持自然界的生态平衡。利用太阳辐射或较低温的蒸汽处理与生防菌土壤处理相结合，会取得更显著的防病效果。此外，通过使用有机肥、绿肥等措施激活土壤中自然存在的某些拮抗微生物，也可以达到控制病害的目的。

四、化学防治

化学防治是指通过化学药剂的田间喷施、灌根等，进行病虫草害的防治。化学防治技术虽在我国病虫害防治工作中发挥了非常重要的作用，但也很容易导致人、畜中毒，会对自然生态环境产生破坏和污染等问题。

（一）真菌病害的化学防治

1. 小麦锈病

在条锈病暴发流行的情况下，药剂防治是大面积控制锈病流行的主要应急措施。小麦条锈病常发区控制菌量的主要手段为药剂拌种。推广种子包衣技术，可以解决药剂拌种技术掌握不当影响出苗的问题，也可以治疗多种病害。用于防治小麦锈病的药剂主要有三唑酮、戊唑醇、丙环唑和烯唑醇等三唑类、醚菊酯和嘧菌酯等甲氧基丙烯酸酯类杀菌剂，可用于拌种或者成株期喷雾。三唑酮按麦种重量0.03%的比例拌种，防效可持续50d以上。成株期田间病叶率达到2%~4%时，需要进行叶面喷雾，用量为105~210g/hm^2，施药1次便可控制成株期锈病的为害。烯唑醇防治条锈病的保护作用防效很高，并且还有很强的治疗作用。

小麦秆锈病的主要化学防治措施，一是在秋苗常年发病较重的地块，可以用15%三唑酮可湿性粉剂60~100g或者12.5%烯唑醇可湿性粉剂拌种，每50kg种子用药60g拌种，勿干拌，控制药量，充分搅拌均匀，以免浓度过大影响出苗率。二是在小麦抽穗期发病，要及时进行化学防治。当病叶率达到5%~10%时，用15%三唑酮可湿性粉剂50g/亩，或20%三唑酮乳油40mL/亩，或25%三唑酮可湿性粉剂30g/亩，或12.5%烯唑醇可湿性粉剂15~30g/亩，兑水50~70kg进行土壤喷雾，或兑水10~15kg进行低容量喷雾。当发病严重，病叶率在25%以上，要加大用药量，病情严重的，用以上药量的2~4倍浓度喷雾。

在小麦叶锈病常发区控制叶锈病的主要方式为种子药剂处理。在叶锈病秋季发病区内，通过小麦拌种，可有效控制秋苗发病，延缓病情扩散，延迟或者减轻春季发病时期和程度。用种子重量0.02%的戊唑醇或者0.03%三唑酮拌种。用多效唑、丙环唑或者种衣剂24%唑醇·福美双悬浮种衣剂包衣，对小麦叶锈病有较好的防效。

2. 小麦白粉病

化学防治是防治小麦白粉病的主要措施。

（1）播种期拌种。在秋苗发病严重的地区，按种子重量0.03%的苯醚甲环唑或者三唑酮进行拌种，防效期达到60d以上，同时还可以防治根部病害，但注意用药量不要过大。

（2）春季喷施防治。在春季发病初期（病叶率达10%或者病情指数达到1以上）喷施。常用药剂有醚菌酯、嘧菌酯等甲氧基丙烯酸酯类杀菌剂和三唑酮、烯唑醇、戊唑醇、丙环唑、硫黄、己唑醇、甲基硫菌灵等对小麦白粉病防效较好。

3. 小麦赤霉病

化学防治是小麦赤霉病防治的主要措施。

（1）种子处理。处理种子可以防治芽腐和苗枯。用50%多菌灵可湿性粉剂每100kg种子用药100～200g拌种，或施用咯菌腈、苯醚甲环唑等种衣剂进行包衣。

（2）喷雾处理。用来防治穗腐的最佳喷施时期是小麦齐穗期至盛花期，用多菌灵和甲基硫菌灵等苯丙咪唑类内吸杀菌剂。每公顷用药450～600g，兑水喷雾。戊唑醇与福美双的混剂对防治赤霉病有很好的效果，并且能够促进小麦的生长。在小麦扬花株率达到10%以上，气温高于15℃，多天连续降雨时，便可开始施药，发病严重的地块7d后再施药一次，便可达到良好的防治效果。

4. 小麦根腐病

（1）播种前用万家宝30g兑水3kg，拌20kg种子；50%异菌脲可湿性粉剂、75%萎锈福美双合剂、58%甲霜灵·锰锌可湿性粉剂、70%代森锰锌可湿性粉剂、50%福美双可湿性粉剂、20%三唑酮乳油、80%代森锰锌可湿性粉剂选其一，按种子重量的0.2%～0.3%拌种，防效可达60%以上。

（2）开花期的成株被侵染，可喷施25%丙环唑乳油4 000倍液，或50%福美双可湿性粉剂100g/亩，兑75kg水喷洒。

（3）"多得"稀土纯营养剂，50g/亩，兑水20～30kg喷施，隔10～15d喷施1次，连续喷施2～3次。

（4）小麦起身期在施用一定有机肥基础上，用植物动力2003 10mL，兑清水10kg喷雾，这样可以促进根系发育，增产效果显著。或在小麦孕穗期至灌浆期喷洒万家宝500～600倍液，每隔15d喷施一次。

5. 小麦茎基腐病

（1）在小麦播种前用戊唑醇、多菌灵等进行拌种，可以明显降低苗期茎基腐病的发病率。

（2）使用药剂处理土壤。结合耕翻整地用多菌灵、代森锰锌、甲基硫菌灵、高锰酸钾等低毒广谱杀菌剂处理土壤。在翻耕或者旋耕第一遍地后，选用上述药剂中的两种药剂兑水均匀喷施，然后旋耕第二遍地。

（3）在小麦返青期喷施烯唑醇或者戊唑醇+氨基酸叶面肥兑水顺垄喷雾，控制病害扩展蔓延。但是不要使药液喷在茎基部。

6．小麦纹枯病

（1）播种前用三唑类杀菌剂处理种子。用2%戊唑醇湿拌种剂按药种比1∶500拌种，但不要使药剂用量过大，以免对小麦的出苗和生长产生抑制作用。用2.5%适乐时悬浮种衣剂或者3%苯醚甲环唑悬浮种衣剂按药种比1∶500进行种子包衣，能够起到很好的防治效果，而且安全性高。

（2）小麦返青拔节期需根据病情发展及时进行喷雾防治。喷雾可使用丙环唑、烯唑醇以及嘧菌酯、醚菌酯等杀菌剂，同时还可以兼治小麦白粉病和锈病。

7．小麦颖枯病

（1）种子处理。用50%多·福混合粉（多菌灵∶福美双为1∶1）500倍液浸种48h，或50%多菌灵可湿性粉剂、70%甲基硫菌灵可湿性粉剂、40%拌种双可湿性粉剂，按种子量0.2%拌种。也可用25%三唑酮可湿性粉剂75g拌种100kg，或0.03%三唑醇拌种、0.15%噻菌灵拌种。

（2）药剂处理。在发病较重的区域，在小麦抽穗期或者发病期喷施70%代森锰锌可湿性粉剂600倍液，或75%百菌清可湿性粉剂800～1 000倍液、1∶1∶140倍式波尔多液、25%苯菌灵乳油800～1 000倍液、25%丙环唑乳油2 000倍液1～3次，每隔15～20d喷一次。

8．小麦霜霉病

（1）药剂拌种。播种前每50kg小麦种子用20%甲霜灵可湿性粉剂100～150g（有效成分为25～37.5g）兑水3kg进行拌种，晾干后播种。

（2）化学喷施。在播种后喷施0.1%硫酸铜溶液，或58%甲霜灵·锰锌可湿性粉剂800～1 000倍液，或72%霜脲·锰锌可湿性粉剂600～700倍液，或69%烯酰·锰锌可湿性粉剂900～1 000倍液，或72.2%霜霉威水剂800倍液。

9．小麦叶枯病

（1）雪霉叶枯病。使用种子包衣技术，可有效控制雪霉叶枯病为害。在连阴雨天，当旗叶发病率达到1%时，喷施70%甲基硫菌灵150g/亩+40%氧化乐果100g/亩，混土2kg/亩，可使小麦雪霉叶枯病防效达到75%。

（2）蠕孢叶斑根腐病。在小麦成株期喷施化学药剂，可有效地防治蠕孢叶斑根腐病。每亩可选用单剂70%代森锰锌可湿性粉剂100g，12.5%烯唑醇可湿性粉剂80g，

40%多菌灵可湿性粉剂100g，25%丙唑醇乳油40mL或者混合制剂70%代森锰锌可湿性粉剂50g+40%多菌灵可湿性粉剂50g+12.5%烯唑醇可湿性粉剂40g，兑水75kg喷雾处理。

（3）链格孢叶枯病。

拌种剂：将种子重量0.3%的2%戊唑醇干拌种剂、5%烯唑醇拌种剂、12.5%纹霉清、15%三唑酮粉剂、40%多菌灵超微可湿性粉剂、50%福美双或者70%甲基硫菌灵、12.5%烯唑醇拌种。拌种时需要把药剂加水喷在种子上拌匀，堆闷4～8h后直接播种。

浸种剂：用80%乙蒜素乳油5 000倍液浸种24h后，晾干播种。

化学喷施：75%百菌清可湿性粉剂600倍液、70%代森锰锌可湿性粉剂500倍液、64%噁霜·锰锌可湿性粉剂500倍液、50%扑海因可湿性粉剂1 500倍液、50%灭毒灵可湿性粉剂800倍液交替使用。

（4）壳针孢类叶枯病。在发病初期及时喷施三唑酮、烯唑醇、甲基硫菌灵、多菌灵、丙环唑、代森锰锌或者百菌清等杀菌剂。

（5）黄斑叶枯病。

拌种剂：用22%辛·酮乳油36mL/亩，兑水1kg，混匀后，同10kg种子拌种晾干后播种。用种子重量0.3%的15%三唑酮粉剂，或0.3%的40%多菌灵超微可湿性粉剂，或50%福美双，或70%甲基硫菌灵，或12.5%烯唑醇拌种。拌种时先把药剂加适量水喷在种子上搅拌均匀，堆闷4～8h后直接播种，或者10%咪酰胺乳油或者25%甲霜·霜霉威乳油2mL兑水1kg拌10kg麦种，闷堆8h后立即播种。

浸种剂：10%咪酰胺乳油或者25%甲霜·霜霉威乳油4 000倍液，浸种48h，晾干即可播种。

化学喷施：45%三唑酮·多菌灵可湿性粉剂1 500～2 000倍液、45%三唑酮·福美双可湿性粉剂1 500～2 000倍液、50%咪酰胺锰盐可湿性粉剂800～1 000倍液、70%甲基硫菌灵可湿性粉剂1 000倍液、70%代森锰锌可湿性粉剂500倍液、75%百菌清可湿性粉剂700倍液、12.5%烯唑醇可湿性粉剂3 000～4 000倍液、20%三唑酮乳油1 000～1 200倍液、69%烯酰·锰锌可湿性粉剂900～1 000倍液、72.2%霜霉威水剂800倍液、25%叶斑清乳油5 000～6 000倍液、12.5%井冈·腊芽菌水剂1 000倍液、25%丙环唑乳油2 000倍液。

10. 小麦全蚀病

用苯醚甲环唑、丙环唑、三唑醇按照种子重量的0.02%～0.03%拌种，防病效果较好。在麦苗3~4叶时，用三唑酮喷施。小麦返青期每公顷用12%的三唑醇可湿性粉剂3kg，拌细土375kg，顺垄撒施，适量浇水，翌年返青期再喷一次，可有效防治全蚀病为害。

11. 小麦黑胚病

在小麦播种前，用苯醚甲环唑、三唑酮、咯菌腈对种子进行处理；在小麦灌浆期喷施烯唑醇、腈菌唑或者戊唑醇能够有效控制小麦黑胚病。

12. 小麦煤污病

异菌脲、甲基硫菌灵、多菌灵、三唑酮对防治小麦煤污病具有良好的效果。

13. 小麦腥黑穗病

防治小麦腥黑穗病的化学防治以种子处理为主，在发病较重的地区用2%戊唑醇拌种剂15~20g，加少量水调成糊状与10kg麦种混匀，晾干后播种。或者用种子重量0.15%~0.2%的20%三唑酮，或0.1%~0.15%的15%三唑醇，或0.2%的40%福美双，或0.2%的40%拌种双，或0.2%的50%多菌灵，或0.2%的70%甲基硫菌灵，或0.2%~0.3%的20%萎锈灵等药剂拌种和闷种，对防治小麦腥黑穗病有很好的效果。

14. 小麦散黑穗病

防治小麦散腥黑穗病的化学防治以药剂拌种为主，用种子重量0.08%~0.1%的20%三唑酮乳油拌种；或者用40%拌种双可湿性粉剂0.1kg拌麦种50kg，拌后堆闷6h；也可以用3%苯醚甲环唑悬浮种衣剂20mL，加水150mL充分混匀后，与10kg麦种混在一起拌匀。

（二）细菌病害的化学防治

1. 小麦黑颖病

（1）药剂处理种子。分别用15%噻枯唑胶悬剂按照种子量0.3%浸种12h，或70%的敌磺钠可湿性粉剂按照种子量0.2%拌种，晾干后播种。

（2）叶面喷施。发病初期用新植霉素4 000倍液，或敌磺钠15~25g/亩，或者25%噻枯唑可湿性粉剂100~150g/亩，喷施2~3次，每7~10d防治1次。

2. 小麦黑节病

药剂处理种子，具体方法参见小麦黑颖病。

3. 小麦蜜穗病

小麦蜜穗病必须与粒线虫相伴才能侵染小麦，所以控制住小麦粒线虫病便控制住了小麦蜜穗病。具体防治方法见小麦粒线虫病。

（三）病毒病害的化学防治

1. 小麦黄花叶病毒病

利用甲醛、五氯硝基苯等在播种时进行土壤杀菌，以避免植株受到感染。

2. 小麦黄矮病

麦蚜是小麦黄矮病病毒唯一的传播媒介。及时防治蚜虫，是控制小麦黄矮病的关键步骤。

（1）种子处理。用0.3%或者0.5%吡虫啉可湿性粉剂拌种，闷堆3~5h后播种，持效期可达40d左右，或用0.3%乐果乳油拌种，闷堆3~5h后播种，持效期达15~26d，或毒土法40%乐果乳油50g兑水1kg，拌细土15kg撒在麦苗基叶上，可以减少越冬虫源。

（2）药剂喷施。在冬麦返青期到拔节期，根据虫情，进行化学药剂喷施。0.2%苦参碱水剂150g/亩，或0.5%印楝素乳油40g/亩，或30%增效烟碱乳油20g/亩，或40%硫酸烟碱1 000倍液和10%皂素烟碱1 000倍液，或1.8%阿维菌素乳油2 000倍液等防治蚜虫。

3. 小麦丛矮病

小麦丛矮病主要通过灰飞虱传播，所以化学防治的关键是苗前苗后灰飞虱的防治。

（1）药剂拌种。75%噻虫嗪150g，或40%氧化乐果150g，兑水3~4kg，喷拌麦种3~5h，晾干后可播种。

（2）药剂喷施。在小麦播后苗前喷施一次化学药剂，出苗后根据情况再喷施一次，主要是在麦田四周5m范围内的杂草及其向麦田内5m的麦苗和杂草。所使用的药剂主要有10%吡虫啉可湿性粉剂250g/亩，或25%速灭威可湿性粉剂150g/亩，或25%噻嗪酮可湿性粉剂25~30g/亩，均兑水50kg进行喷雾。套作麦田以及小块棉花种植田需要整块麦田喷雾；大面积平作麦田在地边喷施5~7m药带即可。在小麦出苗后和返青至孕穗期，选用有机磷或除虫菊酯或其他复配制剂等药剂喷施防治灰飞虱。重点喷洒靠近路边、沟边、场边、村边的麦田，包括田边杂草也要喷施。

4. 小麦土传花叶病

利用溴甲烷、二溴乙烷60~90mL/m²处理土壤杀菌，以避免植株受到感染。

（四）线虫病害的化学防治

1. 小麦粒线虫

用甲基异柳磷乳油1 000倍液浸种2～4h，晾干播种，或甲基异柳磷按照种子量的0.2%加水混匀后拌种，闷堆4h后播种。

2. 小麦孢囊线虫病

在小麦播种前用10%克百威颗粒剂，或10%三唑磷300～400g/亩，可减轻为害。

第七章　小麦虫害及防治

第一节　刺吸类害虫

一、蚜虫

小麦蚜虫属半翅目，蚜科，俗称油虫、腻虫、蜜虫，是小麦的主要害虫之一，可对小麦进行刺吸为害，影响小麦光合作用及营养吸收、传导。小麦蚜虫分布极广，几乎遍及世界各产麦国。我国为害小麦的蚜虫有多种，通常较普遍而重要的有麦长管蚜（*Macrosiphum avenae*）、麦二叉蚜（*Schizaphis graminum*）、禾谷缢管蚜（*Rhopalosiphum padi*）、麦无网长管蚜（*Metopolophium dirhodum*）。此外，还有主要分布在新疆地区的麦双尾蚜（*Brachycolus noxius*）。

（一）麦长管蚜

1. 为害特点

麦长管蚜前期集中在叶正面或背面，后期集中在穗上刺吸汁液，致受害株生长缓慢，分蘖减少，千粒重下降，是麦类作物重要害虫，也是麦蚜中的优势种。

2. 发生规律

麦长管蚜在多数地区以无翅孤雌成蚜和若蚜在麦株根际或四周土块缝隙中越冬，有的可在背风向阳的麦田的麦叶上继续生活。该虫在我国中部和南部属不全周期型，即全年进行孤雌生殖不产生有性蚜世代，夏季高温季节在山区或高海拔的阴凉地区麦类自生苗或禾本科杂草上生活。长江以南以无翅胎生成蚜和若蚜于麦株心叶或叶鞘内侧及早熟禾、看麦娘、狗尾草等杂草上越冬。成虫无明显休眠现象，气温高时，仍见蚜虫在叶面上取食。

无翅孤雌蚜体长3.1mm，宽1.4mm，长卵形，草绿色至橙红色，头部略显灰色，腹侧具灰绿色斑；触角、喙第三节、足股节端部1/2、胫节端及肘跗节、腹管黑色；尾片色浅；腹部第六节至第八节及腹面具横网纹，无缘瘤；中触角细长，全长不及体长；喙粗大，超过中足基节。端节圆锥形，是基宽的1.8倍。腹管长圆筒形，长为体长1/4，在端部有网纹十几行；尾片长圆锥形，长为腹管的1/2，有6～8根曲毛。有翅孤雌蚜，体长3.0mm，椭圆形，绿色，触角黑色。第三节基部具8～12个次生感觉圈排成一行。喙不达中足基节。腹管长圆筒形，黑色，端部具15～16行横行网纹，尾片长圆锥状，有8～9根毛。

在麦田春、秋两季出现两个高峰，夏天和冬季蚜量少。秋季冬麦出苗后从夏寄主上迁入麦田进行短暂的繁殖，出现小高峰，为害不重。11月中下旬后，随气温下降开始越冬。春季返青后，气温高于6℃开始繁殖，低于15℃繁殖率不高；气温高于16℃，麦苗抽穗时转移至穗部，虫量迅速上升，直到灌浆和乳熟期蚜量达高峰。气温高于22℃，产生大量有翅蚜，迁飞到冷凉地带越夏。该蚜在北方春麦区或早播冬麦区常产生孤雌胎生世代和两性卵生世代，世代交替。在这个地区多于9月迁入冬麦田，10月上旬均温14～16℃进入发生盛期，9月底出现性蚜，10月中旬开始产卵，11月中旬均温4℃进入产卵盛期并以此卵越冬。翌年3月中旬进入越冬卵孵化盛期，历时1个月。春季先在冬小麦上为害，4月中旬开始迁移到春麦上，无论春麦还是冬麦，到了穗期即进入为害高峰期。6月中旬又产生有翅蚜，迁飞到冷凉地区越夏。麦长管蚜适宜温度10～30℃，其中18～23℃最适，气温12～23℃产仔量48～50头，高于24℃则下降。主要天敌有瓢虫、食蚜蝇、草蛉、蜘蛛、蚜茧蜂、蚜霉菌等。

（二）麦二叉蚜

1. 为害特点

国内分布于各省、区。为害小麦、玉米、大麦、燕麦、高粱、水稻、狗尾草、莎草等禾本科植物。常大量聚集在叶片、茎秆和穗部，吸取汁液，影响小麦发育，严重的麦株不能正常抽穗，并能传播小麦黄矮病。

2. 发生规律

麦二叉蚜一年发生20～30代。在北纬36°以北较冷的麦区多以卵在麦苗枯叶上、土缝内或多年生禾本科杂草上越冬，在南方则以无翅成蚜、若蚜在麦苗基部叶鞘、心叶内或附近土缝中越冬，天暖时仍能活动取食。3月上中旬越冬卵孵化，在冬麦上繁殖几代后，有的以无翅胎生雌蚜继续繁殖，无翅孤雌蚜体长约1.7mm，淡黄绿色至绿色，头部额疣不明显，触角比体长短，腹背中央有深绿色纵线。有的产生有翅胎生蚜在冬麦田繁殖扩展，有翅胎生雌蚜体长1.5～1.8mm，头部灰黑色，触角共6节，比体长稍短，第三节具4～10个小圆形次生感觉圈，排成一列。胸部灰黑色，前翅中脉分为二支，故称"二叉蚜"；腹部淡绿色，背面中央有深绿色纵线，侧斑灰黑色。4月中旬有些迁入到春麦上，5月上中旬大量繁殖，出现为害高峰期，并可引起黄矮病流行。小麦灌浆后，多数立即迁离麦田。大发生区都在年降水量500mm以下的地区。在日平均温度5℃时开始活动，生长最适温度为13～18℃。故早春为害、繁殖早，秋苗受害时间长。麦二叉蚜怕光照，喜干旱，不喜氮肥，喜食幼嫩组织或生长衰弱、叶色发黄的叶子，多分布在植株下部、叶片的背面。成、若蚜受震动时，假死坠落。

（三）禾谷缢管蚜

1. 为害特点

禾谷缢管蚜又称黍蚜、粟缢管蚜、小米蚜、麦缢管蚜，是一种世界性的禾谷类作物害虫。国内分布十分普遍。全世界除南美洲外，其他各大洲均有分布。国内分布十分普遍。以成、若虫吸食叶片、茎秆和嫩穗的汁液，不仅影响植株正常生长，还会传播病毒病。为害第一寄主桃、李、榆叶梅、稠李，第二寄主玉米、高粱、麦类、水稻、狗牙根等。

2. 发生规律

禾谷缢管蚜一年发生10～20代。北方寒冷地区禾谷缢管蚜产卵于稠李、桃、李、榆叶梅等李属植物上越冬，翌年春季越冬卵孵化后，先在树木上繁殖几代，再迁飞到小麦、玉米等禾本科植物上繁殖为害。秋后产生雌雄性蚜，交配后在李属树木上产卵越冬。在冬麦区或冬麦、春麦混种区，以无翅孤雌成蚜和若蚜在冬麦上或禾本科杂草上越冬。冬季天气较温暖时，仍可在麦苗上活动。春季主要为害小麦，麦收后转移到玉米、谷子、自生麦苗上，夏、秋季持续为害，秋后迁往麦田或草丛中越冬。冬季潜伏在麦苗根部、近地面的叶鞘中、杂草根部或土缝内。无翅蚜体长约1.9mm，腹部橄榄绿至黑绿色，杂以黄绿色纹，被有薄粉，触角6节，黑色，长超过体之半，中额瘤隆起，喙粗壮，较中足基节长，腹管基部周围有淡褐或铁锈色斑，腹管圆筒形，末、中部稍粗壮，近顶端部呈瓶口状溢缩，尾片长有毛4根。有翅孤雌蚜体长2.1mm，长卵形，头、胸黑色，腹部深绿色，具黑色斑纹，触角第三节具圆形次生感觉圈，第四节2～7个，前翅中脉分支2次，第七节至第八节腹背具中横带，腹管黑色。禾谷缢管蚜在温度30℃上下发育最快，较耐高温，畏光喜湿，不耐干旱。

（四）麦无网长管蚜

1. 为害特点

麦无网长管蚜是小麦、燕麦、黑麦等禾本科作物上的重要害虫，在我国的北京、河南、云南、西藏、陕西、甘肃、宁夏和内蒙古等地的禾谷类作物上均有发生为害，是我国局部麦区的主要害虫。麦无网长管蚜以为害叶片为主，是大麦黄矮病毒的主要传毒介体之一，影响小麦植株的正常生长，给农业生产造成巨大损失。

2. 发生规律

麦无网长管蚜属于异寄主全周期型，春、夏季寄生在禾本科植物上。其繁殖方式是孤雌胎生，在小麦灌浆期达到全年繁殖高峰。麦无网长管蚜在蔷薇属植物上产生有性蚜，通过有性生殖产卵越冬，春季孵化为干母，干母胎生产生有翅蚜，迁移到谷类作物或杂草上定殖。在南方地区，麦无网长管蚜可营不全周期生活，以胎生雌蚜的成、若虫越冬。

（五）麦双尾蚜

1. 为害特点

麦双尾蚜又称为俄罗斯麦蚜。为害小麦、大麦、黑麦、燕麦、乌麦、雀麦等70余种禾本科作物及杂草。辽河、黄河、淮河、海河流域都是该虫适生区。国外主要分布在乌克兰、中亚、北非、东欧、尼泊尔、南非、墨西哥、美国、加拿大，是世界性麦类大害虫，国内检疫对象。麦双尾蚜先取食未展开的叶片刺吸小麦汁液，并且可分泌毒素破坏叶绿体，降低光合作用，使叶片产生白、黄或红色纵条，从一侧纵卷成筒状，躲入其中繁殖为害，随后又迁至新生叶。旗叶受害后，麦株常不能正常抽穗。

2. 发生规律

麦双尾蚜一年发生11代，在寒冷麦区营全周期生活。秋末冬初产生雌性蚜和雄蚜，交配后把受精卵产在麦类或禾本科杂草上，翌年春天卵孵化，在产卵寄主上孤雌生殖3个世代后向外迁飞或为害直到麦收。一二代为无翅型。无翅孤雌蚜体狭长，浅绿色，中额与额瘤隆起呈"W"字形，触角短，不及体长之半，喙达中足基节。腹管短，长不及基宽，体末有尾片，宽锥形，长达腹管的5倍，第八腹节背片中央具上尾片，长约达尾片之半，故称双尾蚜。三四代部分为有翅型。有翅孤雌蚜体长2.5mm，头胸黑色，腹部淡褐色，斑纹灰褐色。触角短，黑褐色，长约为体长的1/3，第三节上有圆形次生感觉器4~6个，第四节有1个或2个次生感觉器，喙黑褐色，不达中足基节。第一腹节至第五腹节有缘斑，第八节背片及上尾片黑色，腹管短，长不及宽，双尾，尾片长为上尾片的2~3倍。在温暖地区营不全周期孤雄生殖。天敌有无花果蚜小蜂、异足蚜小蜂、广鹨蚜茧蜂、食蚜瘿蚊、四斑毛瓢虫等。

（六）麦蚜防治方法

1. 加强预测预报

当孕穗期有蚜株率达50%，百株平均蚜量200~250头或灌浆初期有蚜株率70%，百株平均蚜量500头时即应进行防治。

2. 农业防治

选用抗虫品种，小穗排列紧密的品种不利于麦蚜取食，小穗排列稀疏的品种有利于麦蚜取食，受害重，因此，应选择抗逆性强的品种，以减轻蚜虫为害。合理布局，冬春麦混种区，尽量减少冬小麦面积，或冬麦与春麦分别集中种植，也可以小麦套种油菜、豌豆等，以减轻蚜虫在小麦穗期的为害程度，减少受害。适时集中播种，冬麦适当晚播，春麦适当早播。合理施肥浇水。消除田埂、地边杂草，减少蚜虫越冬和繁殖场所。

3. 生物防治

保护和利用天敌昆虫。减少或改进施药方法，避免杀伤麦田天敌。充分利用瓢虫、食蚜蝇、草蛉、蚜茧蜂等天敌，必要时可人工繁殖释放或助迁天敌，使其有效控制蚜虫。当天敌不能控制麦蚜时再采用药剂防治。

4. 药剂防治

化学药剂在生产中，有机磷类、菊酯类及烟碱类等多种杀虫剂被应用于麦蚜的防治。其防治可用600g/L的吡虫啉悬浮种衣剂包衣，对翌年穗蚜仍有防治效果；也可选用抗蚜威、吡虫啉、马拉硫磷、溴氰菊酯或其他药剂在小麦齐穗期进行喷雾防治。田间喷雾防蚜时要尽量倒退行走，以免接触中毒。目前，药剂防治在当前农业生产中仍占据重要地位。为了防止单一种类杀虫剂的长期施用，常会引发害虫抗药性的快速增长，注意交替用药。要做好麦田的防治工作，减少向玉米田转移的虫口数量。

二、条沙叶蝉

1. 为害特点

小麦条沙叶蝉（*Psammotettix striatus*）又名异沙叶蝉、条斑叶蝉、火燎子、麦吃蚤等，分布于东北、华北、西北、长江流域。主要为害小麦、大麦、黑麦、青稞、燕麦、莜麦、糜子、谷子、高粱、玉米、水稻等。以成、若虫刺吸作物茎叶，致受害幼苗变色，生长受到抑制，并传播小麦红矮病毒病。

成、若虫均以刺吸式口器吸取植物汁液，受害部位出现许多失绿斑点或整片叶子枯黄，影响植株的光合作用和生长发育，更为重要的是它能传播多种植物病毒和植原体，如小麦矮缩病毒（WDV）、俄罗斯冬小麦花叶病毒（WWMV）、小麦黄条纹病毒（WYSV）和小麦蓝矮植原体（WBD）。这些病原物通过异沙叶蝉的高效传播导致相关病害大面积暴发流行，对小麦生产造成更大的为害，严重影响其高产稳产。

2. 发生规律

条沙叶蝉属同翅目，叶蝉科。长江流域一年发生5代，以成、若虫在麦田越冬。北方冬麦区一年发生3～4代，春麦区3代，以卵在麦茬叶鞘内壁或枯枝落叶上越冬，也可以成虫和若虫越冬。翌年3月初开始孵化，4月在麦田可见越冬代成虫，4—5月成、若虫混发，集中在麦田为害，后期向杂草滩或秋作物上迁移。成虫体长4～4.3mm，全体灰黄色，头部呈钝角突出，头冠近端处具浅褐色斑纹1对，后与黑褐色中线接连，两侧中部各具1不规则的大型斑块，近后缘处又各生逗点形纹2个，颜面两侧有黑褐色横纹，是条沙叶蝉主要特征；复眼黑褐色，1对单眼，前胸背板具5条浅黄色至灰白色条纹纵贯前胸背板上与4条灰黄色至褐色较宽纵带相间排列；小盾板两侧角有暗褐色斑，中间具明显的褐色点2个，横刻纹褐黑色，前翅浅灰色，半透明，翅脉黄白色；胸部、腹部黑色；足浅黄色。卵长卵形，浅黄色。若虫共5龄，5龄时背部可见深褐色纵带。

秋季麦苗出土后，成虫又迁回麦田为害并传播病毒病。条沙叶蝉适应性强，素有"旱虫"之称，喜温暖干燥气候，有较明显的趋光性。在向阳干暖的环境中生活力强，繁殖率高。成虫耐饥力弱，耐寒力强，冬季0℃麦田仍可见成活，夏季气温高于28℃，活动受抑，成虫善跳，趋光性较弱，遇惊扰可飞行3～5m，14：00—16：00活动最盛，风天或夜间多在麦丛基部蛰伏。以小麦为主一年一熟制地区，谷子、糜黍种植面积大的地区或丘陵区适合该虫发生，早播麦田或向阳温暖地块虫口密度大。天敌昆虫会影响其种群密度，主要天敌有寄生卵的叶蝉缨小蜂、稻叶蝉缨小蜂、叶蝉赤眼蜂和寄生若虫的寄生螨类等。

3. 防治方法

（1）农业防治。通过合理密植，增施基肥、种肥，合理灌溉，改变麦田小气候，增强小麦长势，抑制该虫发生。及时清除禾本科杂草，控制越冬基地，减少虫源。

（2）药剂防治。可喷施2.5%的溴氰菊酯可湿性粉剂2 000倍液，或20%速灭威乳油500倍液，或25%噻嗪酮可湿性粉剂1 000倍液，0.5%藜芦碱可湿性粉剂600倍液。使用药物防治的时候应当注意从周围到中间环绕喷药，并在中间部分加大用药量，对大田周围杂草地要及时清理，并用药物喷洒。

三、红蜘蛛

1. 为害特点

小麦红蜘蛛是一种对农作物为害性很大的昆虫，常分布于山东、山西、江苏、安徽、河南、四川、陕西等地。另外也为害大麦、豌豆、苜蓿、杂草等。以成、若虫吸食麦叶汁液，受害叶上出现细小白点，后麦叶变黄，麦株生育不良，植株矮小，严重的全株干枯死亡。

2. 发生规律

小麦红蜘蛛主要包括麦圆蜘蛛（*Pentfaleus major*）和麦长腿蜘蛛（*Petrobia latens*），均属于蜱螨目叶螨科。

麦圆蜘蛛一年发生2~3代，即春季繁殖1代，秋季1~2代，完成1个世代需46~80d。以成虫或卵及若虫越冬。冬季几乎不休眠，耐寒力强。成虫卵圆形，体长0.6~0.98mm，黑褐色，疏生白色毛，4对足，第一对长，第四对居二，第二对和第三对等长，具背肛，足、肛门周围红色。多行孤雌生殖，每雌虫产卵20多粒，卵椭圆形，初暗褐色，后变浅红色。春季多把卵产在小麦分蘖丛或土块上，秋季多产在须根或土块上，多聚集成堆，每堆数10粒，卵期20~90d，越夏卵期4~5个月。若螨共4龄，1龄称幼螨，3对足，初浅红色，后变草绿色至黑褐色；2~4龄若螨4对足，体似成螨。生长发育适温8~15℃，相对湿度高于70%，气温超过20℃，成虫大量死亡，水浇地易发生。

麦长腿蜘蛛黄淮海地区一年发生3~4代，山西北部冬麦区一年发生2代，新疆3代，西藏一年发生1~2代。以成虫和卵在麦田越冬，成虫体长0.62~0.85mm，体纺锤形，两端较尖，紫红色至褐绿色，4对足，其中第一对和第四对足特别长。

4—5月田间虫量多，5月中下旬后成虫产卵越夏，10月上中旬越夏卵孵化，为害麦苗。完成一个世代需24~46d。多行孤雌生殖。把卵产在麦田中硬土块或小石块及秸秆或粪块上。卵有2型，越夏卵圆柱形，卵壳表面有白色蜡质，顶部覆有白色蜡质物，似草帽状，卵顶具放射形条纹；非越夏卵球形，粉红色，表面生数十条隆起条纹。成、若虫亦群集，有假死性。若虫共3龄，1龄称幼螨，3对足，初为鲜红色，吸食后为黑褐色，2龄、3龄有4对足，体形似成螨。主要发生在旱地麦田里。对湿度敏感，遇露水较大或降小雨，即躲于麦丛或土缝内。

3. 防治方法

（1）农业防治。因地制宜进行轮作倒茬，麦收后及时浅耕灭茬，冬春进行灌溉，可破坏其适生环境，减轻为害。

（2）生物防治。保护和利用天敌，塔六点蓟马、钝绥螨、食螨瓢虫、中华草蛉、小花蝽等对红蜘蛛种群数量有一定控制作用。

（3）药剂防治。选用1.5%阿维菌素超低容量液剂40～80mL/亩，超低容量喷雾，或用15%哒螨灵乳油2 000倍液、73%灭螨净（炔螨特）3 000倍液，进行喷雾防治。每隔7d喷1次，连续喷洒2～3次。生产上适用于防治红蜘蛛的药剂还很多，如联苯肼酯、唑螨酯、虫螨腈、丁氟螨酯、四螨嗪、联苯菊酯等，注意交替用药和混配用药。

四、灰飞虱

1. 为害特点

灰飞虱（*Laodelphax striatellus*）广泛分布于亚洲和欧洲，主要取食水稻、麦类、玉米、高粱、甘蔗、早熟禾和看麦娘等禾本科植物。可在小麦、玉米和水稻上转移为害。

成、若虫均以口器刺吸小麦汁液为害，一般群集于小麦中上部叶片，近年来发现在河北地区小麦上传播大麦黄条点花叶病毒（BYSMV），造成小麦返青后植株矮化、叶片细窄、旗叶变黄等症状。在小麦上造成的损失通常不大，但在小麦生长期间若不加以控制、降低虫源基数，随着季节变化而转换寄主植物取食为害，而且灰飞虱还可以传播水稻条纹叶枯病毒、黑条矮缩病毒等多种病毒，造成水稻条纹叶枯病、玉米粗缩病广泛流行，严重威胁粮食作物的稳产、高产。

2. 发生规律

灰飞虱属半翅目飞虱科。在北方地区一年发生4～5代。若虫共5龄。华北地区越冬若虫于4月中旬至5月中旬羽化，迁向草坪产卵繁殖，第一代若虫于5月中旬至6月大量孵化，5月下旬至6月中旬羽化，第二代若虫于6月下旬至7月下旬羽化为成虫，第三代于7月至8月上中旬羽化，第四代若虫9月上旬至10月上旬羽化，有部分则以3～4龄若虫进入越冬状态，第五代若虫在10月上旬至11月下旬孵化，并进入越冬期，全年以9月初的第四代若虫密度最大，大部分地区多以第三龄至第四龄和少量第五龄若虫在田边、沟边杂草中越冬。成虫长翅型，体长（连翅）雄虫3.5mm，雌虫4.0mm；成虫短翅型，体长雄虫2.3mm，雌虫2.5mm；雄虫头顶与前胸背板黄色，雌虫则中部淡黄色，两侧暗褐色；前翅近于透明，具翅斑；胸、腹部腹面雄虫为黑褐色，雌虫为黄褐色，足为淡褐色。

灰飞虱属于温带地区的害虫，耐低温能力较强，对高温适应性较差，其生长发育的适宜温度在28℃左右，冬季低温对其越冬若虫影响不大。成虫翅型变化较稳定，越冬代以短翅型居多，其余各代以长翅型居多，雄虫成虫除越冬外，其余各代几乎均为长翅型成虫。成虫喜在生长嫩绿、高大茂密的地块产卵。卵呈长椭圆形，稍弯曲，前端较细于后端，初产乳白色，后期淡黄色，成块产于叶鞘、叶中肋或茎秆组织中，卵粒成簇或成双行排列，卵帽露出产卵痕，如一粒粒鱼子状。雌虫产卵量一般数十粒，越冬代最多，可达500粒左右，每个卵块的卵粒数，大多为5～6粒，能传播黑条矮缩病、条纹叶枯病、小麦丛矮病、玉米粗短病及条纹矮缩病等多种病毒病。如果植物被这种携带病毒的灰飞虱取食过，植物会被感染，后期可能会在植物内产生灰飞虱幼虫，继续取食植物。

3. 防治方法

（1）农业防治。进行科学肥水管理，创造不利于灰飞虱滋生繁殖的生态条件。

（2）生物防治。灰飞虱各虫期寄生性和捕食性天敌种类较多，除寄生蜂、黑肩绿盲蝽、瓢虫等外，还有蜘蛛、线虫、菌类对白背虱的发生有很大的抑制作用。保护利用好天敌，对控制白背飞虱的发生为害能起到明显的效果。

（3）药剂防治。结合小麦一喷三防，降低灰飞虱在田间基数，减轻后茬作物玉米或水稻病毒病发生。常用防治药剂包括10%吡虫啉可湿性粉剂、50%吡蚜酮可湿性粉剂、0.5%藜芦碱可湿性粉剂等。

五、小麦管蓟马

1. 为害特点

小麦管蓟马（*Haplothrips tritici*）又称为小麦皮蓟马、麦简管蓟马。为害小麦、大麦、黑麦、燕麦、向日葵、蒲公英、狗尾草等。国内分布区偏北，仅见于黑龙江、内蒙古、宁夏、甘肃、新疆等地，是新疆及甘肃河西一带小麦上的重要害虫。成、若虫在麦株上部叶片内侧叶耳、叶舌处吸食汁液，后从小麦旗叶叶鞘顶部或叶鞘缝隙处侵入尚未抽出的麦穗上，为害花器，重者造成白穗。灌浆乳熟时吸食籽粒的浆液，致籽粒空瘪。此外还为害小穗的护颖和外颖。受害颖片皱缩或枯萎，发黄或呈黑褐色，易遭病菌侵染，诱发霉烂或腐败。

2. 发生规律

小麦管蓟马属缨翅目管蓟马科，一年发生1代。

以若虫在麦根或距离地表以下10cm处越冬。翌年日均温8℃时开始活动，5月中旬进入化蛹盛期。前蛹和伪蛹的体长较若虫略短，体色淡红，四周着生显著白色绒毛，前蛹触角3节；伪蛹触角分节更不明显，分别紧贴于头的两侧，翅芽较前蛹期增长。5月中下旬羽化，6月上旬进入羽化盛期，羽化后进入麦田，有时一个旗叶内群集数十头至数百头成虫。成虫体黑褐色，长1.5～2.2mm，头部略呈长方形，复眼分离，触角8节，第二节上有感觉孔，第三节至第七节上有感觉锥，不特别发达；翅2对，前翅仅有1条不明显的纵脉，并不延至顶端；翅上有缨毛，前足腿节粗壮，跗节很短，末端呈泡状；腹部10节，第一节小，呈三角形，腹部末端延成管状。其末端有6根细长的尾毛，其间各生短毛1根。待穗头抽出后，成虫又转移到未抽出或半抽出的麦穗里，成虫为害及产卵仅2～3d。成虫羽化后7～15d开始产卵，把卵产在麦穗顶端2～3个小穗基部或护颖尖端内侧，卵排列不整齐，乳黄色，长椭圆形，一端较尖。幼虫初孵化时为淡黄色，随着龄期的变化逐渐转变为橙黄色乃至鲜红色，触角及尾管黑色。冬麦收获时，部分若虫掉到地上，就此爬至土缝中或集中在麦捆或麦堆下，大部分爬至麦茬丛中或叶稍里，有的随麦捆运到麦场越夏或越冬。新垦麦地、春小麦及晚熟品种受害重。

3. 防治方法

（1）农业防治。合理轮作倒茬。适时早播，躲过为害盛期。秋季或麦收后及时进行深耕，清除麦场四周杂草，破坏其越冬场所，可压低越冬虫口基数。

（2）药剂防治。在小麦孕穗期，大批蓟马成虫飞到麦田产卵时，及时喷洒20%丁硫克百威乳油，或10%吡虫啉可湿性粉剂，或1.8%阿维菌素乳油，或40%水胺硫磷乳油，兑水60kg喷雾。在小麦扬花期，注意防治初孵若虫。

六、斑须蝽

1. 为害特点

斑须蝽（*Dolycoris baccarum*）又名细毛蝽、臭大姐，各地均有分布。成虫和若虫刺吸嫩叶、嫩茎及果、穗汁液，造成落花。茎叶被害后，出现黄褐色斑点，严重时叶片卷曲，嫩茎凋萎。

2. 发生规律

斑须蝽属半翅目蝽科。该虫一年发生2代，以成虫在杂草、枯枝落叶、植物根际、树皮下越冬。雌成虫体长为11～12.5mm，雄虫为9.9～10.6mm，椭圆形，赤褐色或灰黄色，全身披有细毛和黑色小刻点；雌虫触角5节，黑色，第一节短而粗，第二节至第五节基部黄白色，形成黄黑相间的"斑须"；喙细长，紧贴于头部；腹面小盾片三角形，末端鲜明的淡黄色，为该虫的显著特征；前翅革质部淡红褐色至红褐色，膜质部透明，黄褐色；足黄褐色，散生黑点。4月初开始活动。成虫行动敏捷，具有群聚性；在强的阳光下，常栖于叶背和嫩头，阴雨和日照不足时，则多在叶面、嫩头上活动；具有弱趋光性，有假死性；一般不飞翔，如飞翔其距离也短，一般1次飞移3~5m。4月中旬交尾产卵，成虫白天交配，可交配多次，交配后3d左右开始产卵，以上午产卵较多。成虫需吸食补充营养才能产卵，即吸食植物嫩茎、嫩芽、顶梢汁液，故产卵前期是为害的重要阶段。卵长圆筒形，初产为黄白色，孵化前为黄褐色，眼点红色，有圆盖。4月底至5月初幼虫孵化，第一代成虫6月初羽化，6月中旬为产卵盛期。若虫共5龄。初孵若虫为鲜黄色，后变为暗灰褐色或黄褐色，全身披有白色绒毛和刻点；触角4节，黑色，节间黄白色，腹部黄色，背面中央自第二节向后均有1黑色纵斑，各节侧缘均有1黑斑。1龄若虫群聚性较强，聚集在卵块处不食不动，需经2~3d蜕皮后才开始分散取食活动。

3. 防治方法

（1）农业防治。做好田间卫生，及时清除枯茬杂草，减少越冬卵。小麦可与油菜、棉花、大豆、花生等作物间作条带种植，每条带10~15m，可优化生态环境，创造有利于天敌生存繁衍的条件，提高天敌对斑须蝽的自然控制能力。结合田间管理，人工捕捉成虫，抹杀卵块，消灭未分散的低龄若虫，可减轻田间受害程度。

（2）药剂防治。低龄若虫盛发期喷25%噻虫嗪可湿性粉剂4 000倍液，或45%马拉硫磷乳油1 500倍液，或2.5%高效氯氟氰菊酯乳油2 000倍液，若在成虫产卵前连片防治效果更好。

七、赤须盲蝽

1. 为害特点

赤须盲蝽（*Trigonotylus ruficornis*）又称赤须蝽。主要为害麦类、谷子、糜子、高粱、玉米、水稻等禾本科作物，以及甜菜、芝麻、大豆、苜蓿、棉花等作物。赤须盲蝽还是重要的草原害虫，为害禾本科牧草和饲料作物。赤须盲蝽成虫、若虫在叶片上刺吸汁液，导致叶片初呈淡黄色小点，稍后呈白色雪花斑布满叶片。严重时整个田块植株叶片上就像落了一层雪花，叶片呈现失水状，且从顶端逐渐向内纵卷。心叶受害生长受阻，全株生长缓慢，矮小或枯死。

2. 发生规律

赤须盲蝽属半翅目盲蝽科。华北地区一年发生3代，以卵越冬。翌年第一代若虫于5月上旬进入孵化盛期，5月中下旬羽化。第二代若虫6月中旬盛发，6月下旬羽化。第三代若虫于7月中下旬盛发，8月下旬至9月上旬，雌虫在杂草茎叶组织内产卵越冬。该虫成虫产卵期较长，有世代重叠现象。每次产卵一般5～10粒。初孵若虫在卵壳附近停留片刻后，便开始活动取食。成虫在9：00—17：00这段时间活跃，夜间或阴雨天多潜伏在植株中下部叶背面。雌虫产卵期不整齐，田间出现世代重叠现象。

赤须盲蝽成虫身体细长，长5～6mm，宽1～2mm，细长，鲜绿色或浅绿色。头部略呈三角形，顶端向前方突出，头顶中央有一纵沟；触角4节，红色，故称赤须盲蝽，等于或略短于体长，第一节粗短，第二节至第三节细长，第四节短而细。成虫白天活跃，傍晚和清晨不甚活动，阴雨天隐蔽在植物中下部叶片背面。羽化后7～10d开始交配。雌虫多在夜间产卵。卵粒口袋状，长约1mm，卵盖上有不规则突起；初为白色，后变黄褐色。卵多产于叶鞘上端，每雌虫每次产卵5～10粒，卵粒成1排或2排。气温20～25℃，相对湿度45%～50%的条件最适宜卵孵化。若虫5龄，末龄幼虫体长约5mm，黄绿色，触角红色。头部有纵纹，小盾板横沟两端有凹坑；足胫节末端、跗节和喙末端黑色。翅芽长1.8mm，超过腹部第二节。若虫行动活跃，常群集叶背取食为害。

3. 防治方法

同斑须蝽。

第二节　食叶潜叶类害虫

一、黏虫

1. 为害特点

黏虫（*Mythimna separata*）又称为剃枝虫、粟夜盗虫、天马、五彩虫、麦蚕。可为害16科104种以上的植物。尤其喜食禾本科植物，主要为害麦类、水稻、甘蔗、玉米、高粱等禾谷类粮食作物。野生寄主有芦苇、谷莠子、稗草、碱草、茅草等禾本科杂草。大发生时也为害豆类、白菜、甜菜、青麻、棉花等。间歇性猖獗的杂食性害虫，常间歇成灾。幼虫食叶，大发生时可将作物叶片全部食光。初孵幼虫有群集性，1～2龄幼虫多在麦株基部叶背或分蘖背光处为害，3龄后食量大增，5～6龄进入暴食阶段，食光叶片或把穗头咬断，其食量占整个幼虫期90%左右。

2. 发生规律

黏虫属鳞翅目，夜蛾科。一年发生世代数全国各地不一，东北、内蒙古一年发生2～3代，华北中南部3～4代，江苏淮河流域4～5代，长江流域5～6代，华南6～8代。黏虫属迁飞性害虫，在北纬33°以北地区任何虫态均不能越冬。在江西、浙江一带，以幼虫和蛹在稻桩、田埂杂草、绿肥田、麦田表土下等处越冬。在广东、福建南部终年繁殖，无越冬现象。北方春季出现的大量成虫系由南方迁飞所至。成虫体长15～17mm，翅展36～40mm。头部与胸部灰褐色，腹部暗褐色。前翅灰黄褐色、黄色或橙色，变化很多；内横线往往只现几个黑点，环纹与肾纹褐黄色，界限不显著，肾纹后端有1个白点，其两侧各有1个黑点；后翅暗褐色，向基部色渐淡。卵长约0.5mm，半球形，初产白色渐变黄色，有光泽，单层排列成行成块。老熟幼虫体长38mm。头红褐色，头盖有网纹，额扁，两侧有褐色粗纵纹，略呈"八"字形，外侧有褐色网纹；体色由淡绿至浓黑，变化甚大；在大发生时背面常呈黑色，腹面淡污色，背中线白色，亚背线与气门上线之间稍带蓝色，气门线与气门下线之间粉红色至灰白色。蛹长约19mm，红褐色；腹部5～7节背面前缘各有一列齿状点刻；臀棘上有刺4根，中央2根粗大，两侧的细短刺略弯。

气候因素对黏虫的发生量和发生期影响很大，其中与温度和湿度的关系尤为密切。春、夏向北迁飞扩散时，主要受气流冷暖交锋的影响而造成黏虫的为害程度不同。总的来说，黏虫不耐0℃以下的低温和35℃以上的高温，各虫态适宜的温度在10～25℃，相对湿度在85%以上。黏虫是一种喜好潮湿而怕高温和干旱的害虫，高温低湿不利于成虫产卵、发育。但雨水多，湿度过大，也可控制黏虫发生。凡密植、多雨、灌溉条件好、生长茂盛的水稻、小麦、谷子地块，或荒草多、大的玉米和高粱地，黏虫发生量就多。小麦玉米套种，有利于黏虫的转移为害，黏虫发生较重。

3. 防治方法

（1）预测预报。黏虫是间歇性猖獗的害虫，发生时还有"暴发性"的特点，因此做好预测预报，掌握黏虫田间动态是主动消灭黏虫为害的重要措施。可通过调查成虫、卵、幼虫来预测当年的发生程度。

（2）农业防治。冬季和早春结合积肥，彻底铲除田埂田边、沟边、塘边、地边的杂草，消灭部分在杂草中越冬的黏虫，减少虫源。合理用肥，施足基肥，及时追肥，避免偏施氮肥，防止贪青迟熟。

（3）物理防治。采用频振式杀虫灯或黑光灯诱杀成虫。根据成虫产卵喜产于枯黄老叶的特性，在田间每公顷设置150把草把，草把可稍大，适当高出作物，5d左右换草把1次，并集中烧毁，即可灭杀虫卵。

（4）药剂防治。根据黏虫成虫具有嗜食花蜜、糖类及甜酸气味的发酵水浆等特性，采用毒液诱杀成虫，其药液配比为糖∶酒∶醋∶水=1∶1∶3∶10，加总量10%的杀虫丹，可以作盆诱或把毒液喷在草把上诱集成虫。也可用5%高效氯氟氰菊酯5 000倍液，或2.5%溴氰菊酯乳油4 000倍液，20%氯虫苯甲酰胺悬浮剂5 000倍液，在黏虫幼虫低龄期均匀喷雾处理。

二、麦叶蜂

1. 为害特点

麦叶蜂（*Dolerus tritici*）又称齐头虫、小黏虫等。分布区北起黑龙江、内蒙古，南限稍过长江，最南采集地为浙江、江西、湖南、广西，东临海边，西达甘肃、青海，折入四川，华北局部地方密度较大。为害小麦、大麦以及禾本科杂草等。幼虫取食叶片成缺刻，1~2龄幼虫日夜在麦叶上为害；3龄后白天躲在麦株基部附近，14∶00—15∶00开始上爬为害麦叶，至翌日10∶00下移躲藏。为害严重的可将叶片吃光，仅留叶脉。

2. 发生规律

麦叶蜂属膜翅目，叶蜂科。麦叶蜂在北方一年发生1代，以蛹在土中越冬，3月中下旬或稍早时成虫羽化，雌成虫体长8.6~9.8mm，雄蜂8~8.8mm；触角线状，9节；唇基有点刻，中央具1大缺口；体大部黑色略带蓝光，前胸背板、中胸前盾片、翅基片锈红色，翅膜质透明略带黄色，头壳具网状刻纹。交配后用锯状产卵器沿叶背面主脉锯1裂缝，边锯边产卵，卵肾脏形，表面光滑，浅黄色，卵粒可连成一串；卵期约10d。幼虫分5龄，末龄幼虫体长18~19mm，圆筒状；胸部稍粗，腹末稍细，各节具横皱纹；头黄褐色，上唇不对称，左边较右边大；胸腹部灰绿色，背面暗蓝色，末节背面具暗色斑1对，腹足基部有1暗色斑纹。4月上旬到5月初是幼虫发生为害盛期。5月上中旬小麦抽穗后，老熟幼虫入土20cm左右作土茧越夏，到10月间化蛹越冬。蛹初黄白色，近羽化时棕黑色。麦叶蜂幼虫有假死性，稍遇震动即可掉落，虫体缩成一团，约经20min后再爬上麦株取食为害。麦叶蜂幼虫有趋绿为害习性，一般水肥条件好、生长茂密的一类麦田发生重，其次是二类麦田，三类田及麦棉套种地块发生较轻。

麦叶蜂的发生与气象条件关系密切。冬季温度偏高，土壤水分充足，有利于蛹的越冬；春季温度回升早，土壤湿度大，成虫羽化期无大雨天气，对其羽化有利；幼虫喜欢潮湿环境。

3. 防治方法

（1）农业防治。小麦播种前深耕细耙，破坏其化蛹越冬场所或将休眠蛹翻至土表机械杀死或冻死。有条件地方进行水旱轮作。老熟幼虫在土中时间长，麦收后及时深耕，能把土茧破坏，杀死幼虫。

（2）药剂防治。一般应掌握在幼虫3龄前进行。可用20%氯虫苯甲酰胺悬浮剂3 000倍液，或用1%甲维盐水乳剂2 000~3 000倍液，或1.8%阿维菌素乳油1 500倍液，或50%辛硫磷乳油1 300倍液喷施防治。也可每亩用5%敌百虫粉2kg，掺细沙（或细土）20~25kg顺麦垄撒施，施药时间以傍晚或10：00以前为佳；或用20%杀灭菊酯或2.5%溴氰菊酯4 000~6 000倍液喷雾，每亩60~75kg；也可用4.5%甲敌粉（甲基对硫磷—敌百虫），每亩0.5kg兑5kg细沙或细干土顺麦垄撒施，其效果均在95%以上。

三、麦黑斑潜叶蝇

1. 为害特点

麦黑斑潜叶蝇（*Cerodonta denticornis*）分布于山东、河南、甘肃及我国台湾等地，为害小麦、燕麦、大麦等。幼虫从叶尖或叶缘潜入，取食叶肉，留下上下表皮，呈空袋状，为害状主要表现截形、条形、不规则形虫道，其内可见黑色颗粒状虫粪，受害麦叶初始为灰绿色斑块，逐渐变为枯白色或灰褐色。幼虫一般为害到整个叶片的1/3~1/2，个别为害到整个叶片的3/4。小麦受害后，严重影响正常光合作用，造成小麦生长滞后。大多数是一叶一头虫，个别有一叶两头虫或三头虫。

2. 发生规律

麦黑斑潜叶蝇属双翅目，潜蝇科。发生代数不详。可能以蛹越冬。4月上中旬，越冬代成虫开始活动，成虫体长2mm，黄褐色；头部黄色，间额褐色，单眼三角区黑色，复眼黑褐色，具蓝色荧光；触角黄色，触角芒不具毛；胸部黄色，背面具一"凸"字形黑斑块；小盾片黄色，后盾片黑褐色；翅透明浅黑褐色。腹部5节，背板侧缘、后缘黄色，中部灰褐色生黑色毛；产卵器圆筒形黑色。成虫将卵产于小麦叶片上，幼虫孵化后，随即潜入小麦叶肉内潜叶为害。幼虫体长2.5~3.0mm，乳白色，蛆状；腹部端节下方具1对肉质突起，腹部各节间散布细密的微刺。幼虫从叶片虫道爬出，落入土中化蛹，少量幼虫也可在叶片内化蛹。蛹长2mm，浅褐色，体扁，前后气门可见。在特殊环境下蛹期较长。

3. 防治方法

在防治技术上，以消灭成虫为主，于4月上中旬在小麦田间喷施阿维菌素、吡虫啉等药剂，一方面杀灭成虫，另一方面阻止成虫产卵。

四、瓦矛夜蛾

1. 为害特点

瓦矛夜蛾（*Spaelotis valida*）除为害小麦之外，还可为害菠菜、生菜、甘蓝、韭菜、葱、大蒜等蔬菜，且对蔬菜的为害比小麦严重。2012年在河北首次发现该虫，在容城、定州、故城等地均有发生。2016年在山东省多地发生为害。瓦矛夜蛾为杂食性害虫，在蔬菜地为害较重，小麦田间也有为害。在麦田中，瓦矛夜蛾多发现于土表，麦叶被咬断或咬成缺刻状。蔬菜田中，该虫将蔬菜叶片咬成明显缺刻状。为害规律为由下向上咬食。

2. 发生规律

瓦矛夜蛾属鳞翅目夜蛾科。以高龄幼虫在麦田土中越冬。成虫头部和鳞片为棕褐色，胸部和肩片为黑褐色。前翅灰褐色至黑褐色，翅基片黄褐色；内横线与外横线均为双线黑色波浪形；中室内环纹与中室末端肾形纹均为灰色具黑边，环纹略扁圆，前端开放。后翅黄白色，外缘暗褐色，腹部暗褐色。室内饲养观察，其成虫飞行能力弱，喜黑暗避光环境，惊扰后近距离飞行，喜群体聚集不动。幼虫体长30～50mm，体为棕黄色，背部每体节有1个黑色的倒"八"字纹。该虫有假死性现象，受惊扰呈"C"字形。蛹为被蛹，纺锤形，体长20mm左右，蛹期23～26d；化蛹初为白色，逐渐加深至黄褐色、红褐色，羽化前变黑。

3. 防治方法

作为新发害虫，关于其生物学和为害特点尚不明确，尚未有监测和预测预报技术，因此还没有制定出适合的防治方案。根据其栖息环境及为害特点，对其防治建议如下。

（1）加强田间监测。利用夜蛾科害虫成虫趋光性，监测越冬代成虫数量，以便预测其种群趋势。

（2）药剂防治。在监测到瓦矛夜蛾为害的地区，可用辛硫磷、甲维盐、高效氯氟氰菊酯或氯虫苯甲酰胺进行喷雾，或用毒死蜱做毒饵或拌毒土撒至田间，进行应急防控，避免损失。

五、东亚飞蝗

1. 为害特点

东亚飞蝗（*Locusta migratoria manilensis*）别名蚂蚱、蝗虫，为迁飞性、杂食性大害虫。分布在中国北起河北、山西、陕西，南至福建、广东、海南、广西、云南，东达沿海各省，西至四川、甘肃南部。黄淮海地区常发。主要为害小麦、玉米、高粱、粟、水稻、稷等多种禾本科植物，也可为害棉花、大豆、蔬菜等。成、若虫咬食植物的叶片和茎，大发生时成群迁飞，把成片的农作物吃成光秆。中国史籍中的蝗灾，主要是东亚飞蝗，先后发生过800多次。20世纪80年代以来，受全球异常气候变化和某些水利工程失修或兴建不当以及农业生态与环境突变的影响，东亚飞蝗在黄淮海地区和海南岛西南部频繁发生，农业生产受到严重威胁。

2. 发生规律

东亚飞蝗，属直翅目飞蝗科。在自然气温条件下生长，一年发生2代，第一代称为夏蝗，第二代为秋蝗。雄成虫体长33~48mm，雌成虫体长39~52mm，有群居型、散居型和中间型3种类型，体灰黄褐色（群居型），或头、胸、后足带绿色（散居型）。头顶圆。颜面平直，触角丝状，前胸背板中线发达，沿中线两侧有黑色带纹。前翅淡褐色，有暗色斑点，翅长超过后足股节2倍以上（群居型）或不到2倍（散居型）。胸足的类型为跳跃足，腿节特别发达，胫节细长，适于跳跃。卵囊圆柱形，每块有卵40~80粒，卵粒长筒形、黄色。第五龄蝗蝻体长26~40mm，翅节长达第四腹节至第五腹节，群居型体长红褐色，散居型体色较浅，在绿色植物多的地方为绿色。

飞蝗密度小时为散居型，密度大了以后，个体间相互接触，可逐渐聚集成群居型。群居型飞蝗有远距离迁飞的习性，迁飞多发生在羽化后5~10d、性器官成熟之前。迁飞时可在空中持续1~3d。至于散居型飞蝗，当每平方米多于10只时，有时也会出现迁飞现象。群居型飞蝗体内含脂肪量多、水分少，活动力强，但卵巢管少，产卵量低，而散居型则相反。飞蝗喜欢栖息在生有低矮芦苇、茅草或盐蒿、莎草等嗜食的植物，地势低洼、易涝易旱或水位不稳定的海滩或湖滩及大面积荒滩或耕作粗放的夹荒地上。遇有干旱年份，这种荒地随天气干旱水面缩小而增大时，利于蝗虫生育，宜蝗面积增加，容易酿成蝗灾，因此每遇大旱年份，要注意防治蝗虫。天敌有寄生蜂、寄生蝇、鸟类、蛙类等。喜食禾本科作物及杂草，饥饿时也取食大豆等阔叶作物。地形低洼、沿海盐碱荒地、泛区、内涝区都易成为飞蝗的繁殖基地。

3. 防治方法

（1）农业防治。兴修水利，稳定湖河水位，大面积垦荒种植，减少蝗虫发生基地。植树造林，改善蝗区小气候，消灭飞蝗产卵繁殖场所。因地制宜种植飞蝗不食的作物，如甘薯、马铃薯、麻类等，断绝飞蝗的食物来源。

（2）药剂防治。要根据发生的面积和密度，做好飞机防治与地面机械防治相结合，全面扫残与重点挑治相结合，夏蝗重治与秋蝗扫残相结合，准确掌握蝗情，歼灭蝗蟖于3龄以前，可用50%马拉硫磷乳油，或40%乐果乳油，或4.5%高效氯氰菊酯喷雾防治。飞防飞机最佳飞行高度为10m，有效喷幅100～150m。

六、西北麦蝽

1. 为害特点

西北麦蝽（*Aelia sibirica*），为害麦类、水稻等禾本科植物。分布北起黑龙江、内蒙古、新疆，南至山西、陕西、甘肃、青海。寄生于麦类、水稻等禾本科植物。成、若虫刺吸寄主叶片汁液，受害麦苗出现枯心或叶面上出现白斑或枯心，后扭曲成辫子状。严重受害时，麦叶如被牲畜吃去尖端一般，甚至成片死亡。后期被害，可造成白穗、籽粒不饱满，减产30%～80%。

2. 发生规律

西北麦蝽属半翅目蝽科。甘肃一年发生1代，宁夏2～3代。以成虫和若虫在落叶、土块、墙缝和芨芨草基部越冬。甘肃地区越冬成虫、若虫于5月初迁入麦田。麦蝽活动取食要求较高的温度，每天活动时间一般日出开始，夜间躲入麦田土壤裂缝、枯草下。在风雨天气不活动。夏季炎热天气，中午往往在植株下部或土壤缝隙中潜伏。成虫体长9～11mm，体黄色至黄褐色，背部密生黑色点刻；头较小，向前方突出，前端向下，前端尖且分裂，两侧有黑点，中央有1条白色纵纹，由前胸背板直达小盾片；前胸背板稍隆起，前缘稍凹入，两端稍向侧方突出，小盾板发达如舌状，长度超过腹背中央。成虫交配后1d即可产卵，卵多产于植株下部枯黄叶片背面，排成单列。每雌虫一生产卵1～2次，每次产卵11～12粒，卵期8d；卵圆筒形，初产时白色，逐渐变为土黄色，将要孵化时呈铅黑色。6月中旬若虫大量孵化取食。若虫共5龄，若虫体长8～9mm，全体黑色，复眼红色，腹节之间为黄色。受害麦苗叶片出现白斑，枯萎或卷曲。小麦成熟时，成虫及若虫迁至芨芨草等杂草上寄生，9月上中旬后陆续越冬。一般生长茂盛的麦田虫口密度大，阳坡地、麦茬地为害重。

3. 防治方法

（1）农业防治。越冬虫恢复活动以前，清除麦田附近的芨芨草，深埋或烧毁，以减少虫源。

（2）药剂防治。可用2.5%敌百虫粉1kg，拌细沙20kg，撒入草丛。成虫为害高峰期，向麦苗或芨芨草上喷撒2.5%敌百虫粉，用22.5～30kg/hm²，10d后再喷1次，消灭初孵若虫。

七、十四点负泥虫

1. 为害特点

十四点负泥虫（*Crioceris quatuordecimpunctata*），又称芦笋叶甲、细颈叶甲，为害小麦、石刁柏、文竹等，为麦类次要害虫。国内分布区北起黑龙江、内蒙古，南面到达福建、广西，但在淮河以北较常见。成、幼虫啃食小麦嫩茎或叶肉，影响小麦光合作用。

2. 发生规律

十四点负泥虫属鞘翅目负泥虫科。在山东、华北一年发生 3～4 代，天津一年发生 4～5 代，陕西 5 代，以成虫在麦株四周的土下或残留在地下的麦茬里越冬。成虫长椭圆形，北方的成虫体长 5.5～6.5mm，南方体长 6.1～7.1mm，宽 2.5～3.2mm，体棕黄色或红褐色，并具黑斑，头前端、眼四周、触角均黑色，其余褐红色；头部带黑点，触角 11 节，短粗；前胸背板长略大于宽，前半部具 "1" 字形排列的黑斑 4 个、基部中央 1 个，小盾片黑色舌形，每个鞘翅上具黑斑 7 个，其中基部 3 个，肩中部 2 个，后部 2 个；体背光洁，腹部褐色或黑色。翌春 3 月中下旬至 4 月上旬出土活动，4 月中旬产卵。卵初乳白色至浅黄绿色，后变深褐色；卵期 3～9d。第一代发生于 5 月中旬至 7 月下旬，6 月中旬进入卵孵化盛期，7 月初为幼虫为害期。幼虫寡足型，初孵化时，虫体灰黄色至绿褐色，头、胸足、气孔黑色；2 龄后乳黄色；老熟幼虫体长 6mm，腹部肥胖隆起，体暗黄色光亮；3 龄幼虫以后，头胸部变细，腹背隆起膨大，肛门在背面，体外常具泥状粪便，故名十四点负泥虫。幼虫期 7～10d，共 4 龄。第二代发生于 6 月下旬至 9 月上旬，8 月上旬是卵孵化盛期和幼虫为害高峰期。第三代于 8 月中旬至 10 月中旬发生。秋季气温高，降雨少的年份可发生第四代。离蛹，鲜黄色，可见触角、足、翅等；蛹期 6～8d。成、幼虫世代重叠，成虫具假死性，能短距离飞行。幼虫行动慢，4 龄进入暴食期，老熟后钻入土中 2cm 处结茧化蛹。成虫交尾 3～4d 后可产卵，散产在叶茎交界处或嫩叶上。

3. 防治方法

（1）农业防治。清洁田园，消灭越冬成虫。进行冬灌，以压低越冬虫口基数。

（2）化学防治。越冬成虫出土孵化盛期，可普遍喷施一次药，对减少越冬代虫口密度，可选用喷洒 40% 氧化乐果 800 倍液或 80% 敌敌畏 1 500 倍液。

幼虫孵化盛期和幼虫为害高峰期是防治该虫的关键时期。由于其低龄幼虫抗药性很差，是化学防治的适期，应及时在一代卵孵化盛期进行防治。90% 敌百虫

1 500倍液，或1.8%阿维菌素5 000倍液，或10%吡虫啉可湿性粉剂1 500倍液，进行喷雾防治。

第三节　蛀茎类害虫

一、麦茎蜂

1. 为害特点

麦茎蜂（*Cephus pygmaeus*）分布于全国各地，为害小麦、大麦等麦类。幼虫蛀茎为害，严重的整个茎秆被食空，麦芒及麦颖变黄，干枯失色，后期全穗变白，茎节变黄或黑色。老熟幼虫钻入根茎部，从根茎部将茎秆咬断或仅留少量表皮连接，断面整齐，受害小麦很易折倒。局部地区为害严重，虫株率一般为10%~20%，发生严重地块高达40%，减产5%~10%。

2. 发生规律

麦茎蜂属膜翅目茎蜂科，一年发生1代，以老熟幼虫在茎基部或根茬中结薄茧越冬。翌年4月化蛹，蛹初黄白色，近羽化时变成黑色。5月中旬羽化，5月下旬进入羽化高峰，羽化期持续20多天。成虫体长8~11mm，黑色，触角丝状。前翅基部黑褐色，翅痣明显；雌蜂腹部第四节、第六节、第九节镶有黄色横带，腹部较肥大，末端剑形，尾端有锯齿状的产卵器；雄蜂3~9节具黄带；第一腹节、第三腹节、第五腹节、第六腹节腹侧各具1较大浅绿色斑点，后胸背面具1个浅绿色三角形点，腹部细小，钝圆。成虫以晴天9：00—11：00和15：00—17：00活动最盛，早晚或阴雨大风天潜伏不动。雌蜂把卵单产在茎壁较薄的麦秆里，产卵量50~60粒，最多72粒，卵长椭圆形，白色透明。产卵部位多在小麦穗下1~3节组织幼嫩的茎节附近，产卵时用产卵器把麦茎锯1小孔，把卵散产在茎的内壁上；小麦主茎落卵量高于分蘖，咬穿茎节逐渐向茎基部移动，大部分产卵于穗茎节基部1/5~1/4处；卵期6~7d。幼虫孵化后取食茎壁内部，3龄后进入暴食期。老熟幼虫体长10~12mm，体乳白色，光滑；头部浅褐色，胸足退化成小突起，腹部尾端延长成长管状，上有细毛。在小麦蜡熟期，幼虫下移至茎最下部，在茎的内壁上咬一个环状小深沟，然后在沟下用碎屑和排泄物做一个小塞子，在小塞子下结透明薄茧越冬。地势低洼的地块发生严重，靠近河边、沟边、路边耕作粗放的地块发生重。

3. 防治方法

（1）农业防治。麦收后进行深翻，收集麦茬沤肥或烧毁，有抑制成虫出土的作用。尽可能实行大面积的轮作。选育秆壁厚或坚硬的抗虫高产品种。

（2）药剂防治。把大量成虫消灭在产卵蛀茎之前是目前麦茎蜂防治的关键。在成虫羽化出土高峰期，选用30%噻虫·高氯氟悬浮剂，或氯氟·毒死蜱等触杀性强的菊酯类农药，在晴天11：30—19：00叶面喷雾，喷雾要求均匀周到，连续防治2次，间隔期为5~7d。如成虫已经产卵，要及时喷洒内吸传导性强的农药，尽可能杀死刚孵化的低龄幼虫。成虫防治时要做好统防统治和群防群治工作。在麦茎蜂产卵蛀茎之前，开展统防统治，压低麦茎蜂虫源，降低为害可能。

二、麦秆蝇

1. 为害特点

麦秆蝇（*Meromyza saltatrix*）又名黄麦秆蝇，俗称麦钻心虫、麦蛆等。主要为害小麦，也为害大麦和黑麦以及一些禾本科和莎草科的杂草，是中国北部春麦区及华北平原中熟冬麦区的主要害虫之一。麦秆蝇以幼虫钻入小麦等寄主茎内蛀食为害，初孵幼虫从叶鞘或茎节间钻入麦茎，在茎秆内表面逐节向下蛀食营养物质，或在幼嫩心叶及穗节基部1/5~1/4处呈螺旋状向下蛀食，使小麦植株早枯、青干，收获前齐根倒下，造成小麦籽粒秕瘦，千粒重降低，产量下降。由于幼虫蛀茎时被害茎的生育期不同，可造成下列4种被害状。

（1）分蘗拔节期受害，形成枯心苗。如主茎被害，则促使无效分蘗增多而丛生，群众常称之为"下退"或"坐罢"。

（2）孕穗期受害，因嫩穗组织破坏并有寄生菌寄生而腐烂，造成烂穗。

（3）孕穗末期受害，形成坏穗。

（4）抽穗初期受害，形成白穗，其中，除坏穗外，在其他被害情况下被害株完全无收。

幼虫取食麦茎幼嫩组织，隐蔽性强，防治难度大，气候适宜的年份易呈高发之势。

2. 发生规律

麦秆蝇属双翅目秆蝇科。春麦区一年发生2代，冬麦区一年发生3~4代。以幼虫在寄主根茎部或土缝中或杂草上越冬。越冬代成虫在小麦拔节末期着卵，部分老熟幼虫钻入地中茎化蛹。成虫寿命9~15d，白天活动，早晚栖息于叶背面；雄成虫体长

3.0～3.5mm，雌成虫体长3.7～4.5mm；体黄绿色；复眼黑色，有青绿色光泽；单眼区褐斑较大，边缘越出单眼之外；下颚须基部黄绿色，腹部2/3部分膨大成棍棒状，黑色；翅透明，有光泽，翅脉黄色；胸部背面有3条黑色或深褐色纵纹，中央的纵线前宽后窄直达梭状部的末端，其末端的宽度大于前端宽度的1/2，两侧纵线各在后端分叉为二。卵产于麦叶基部附近，喜在未抽穗的植株上产卵，抽穗后产卵很少；卵期5～7d，散产，每头雌虫产卵12～42粒；卵壳白色，表面有10余条纵纹，光泽不显著。幼虫孵化后，蛀入茎内为害。末龄幼虫体长6.0～6.5mm；体蛆形，细长，呈黄绿或淡黄绿色。如主茎被害枯死，常形成很多分叉，分叉常不能抽穗结实。幼虫在茎内向下蛀食，孕穗前为害麦株形成枯心，孕穗后形成白穗。幼虫期20余天，成熟后在叶鞘与茎秆间化蛹。蛹期3周；围蛹，体色初期较淡，后期黄绿色，通过蛹壳可见复眼、胸部及腹部纵线和下颚须端部的黑色部分。

3. **防治方法**

（1）农业防治。加强小麦的栽培管理，因地制宜深翻土地，精耕细作，增施肥料，适时早播，适当浅播，合理密植，及时灌排等一系列丰产措施可促进小麦生长发育，避开危险期，造成不利麦秆蝇的生活条件，避免或减轻受害。选用抗虫品种。

（2）药剂防治。在越冬代成虫开始盛发并达到防治指标，尚未产卵或产卵极少时，据不同地块的品种及生育期，进行第一次喷药，隔6～7d后视虫情变化，对生育期晚尚未进入抽穗开花期、植株生长差、虫口密度仍高的麦田续喷第二次药，及时喷洒50%灭蝇胺可湿性粉剂1 500倍液，或1.8%阿维菌素乳油1 500倍液，或5%速灭威可湿性粉剂600倍液，减少卵量和孵化量。

三、秀夜蛾

1. **为害特点**

秀夜蛾（*Amphipoea fucosa*）又名麦秀夜蛾。为害小麦、大麦、黍、糜等麦类及玉米等，受害作物一般减产10%～20%，严重发生时减产40%～50%，是春麦区重要的麦类害虫。分布于东北、华北、西北、西藏高原、长江中下游及华东麦区。幼虫3龄前蛀茎为害，4龄后从麦秆的地下部咬烂入土，并吐丝缀成薄茧，栖息在薄茧内继续为害附近麦株，致小麦呈现枯心或全株死亡，造成缺苗断垄。

2. **发生规律**

秀夜蛾属鳞翅目夜蛾科。北方春麦区一年发生1代，以卵越冬，翌年5月上中旬孵化，5月下旬至6月上旬进入孵化盛期，5月上中旬幼虫开始为害小麦幼苗，5月下旬至6月下旬，小麦分蘖至拔节期进入幼虫为害盛期。老熟幼虫于6月下旬化蛹，7月上中旬成虫出现，8月上中旬进入成虫羽化高峰，7月中旬麦田可见卵块，7月下旬至8月中旬进入产卵盛期。成虫体长13~16mm，翅展30~36mm，头部、胸部黄褐色，腹背灰黄色，腹面黄褐色，前翅锈黄至灰黑色，基线色浅，内线、外线各2条，中线1条，共5条褐色线且较明显；环纹、肾纹白色至锈黄色，上生褐色细纹，边缘暗褐色，亚端线色浅，外缘褐色，缘毛黄褐色；后翅灰褐色，缘毛、翅反面灰黄色。成虫白天隐藏在地边、渠边草丛下或田内作物下或土缝中，傍晚飞出取食，交尾后在20:00—21:00把卵产在小麦茎基叶鞘内侧距土面1~3cm处，每雌虫产卵3~21块，共产卵90~400粒，卵粒排成2~3行成1块，每块约30粒，产卵历期5~8d。卵半圆形，初白色，3~4d变为褐色。幼虫蛀茎并有地下害虫的特点，幼虫期共50多天，一般蜕皮5次，末龄幼虫体长30~35mm，灰白色，头黄色，四周具黑褐色边，从中间至后缘生黑褐色斑4个，从前胸后缘至腹部第九节的背中线两侧各具红褐色宽带1条。亚背线略细，气门线较粗，均为红褐色。幼虫喜在水浇地、下湿滩地及黏壤土地块为害。老熟后在受害株附近1~3cm土内化蛹，蛹期20d左右。

3. 防治方法

（1）农业防治。合理轮作，深翻土地，除茬灭卵，可减少虫源。翻地深度超过15cm，翌年初孵幼虫大部分不能出土。小麦三叶期浇水，这时正值初孵幼虫为害盛期，浇水后可减轻为害。

（2）物理防治。在成虫盛发期，在产卵之前大面积设置黑光灯诱杀成虫。

（3）药剂防治。发生严重地区或田块，随播种施5%辛硫磷颗粒剂或5%二嗪磷颗粒剂，每2~3kg/亩，对初孵幼虫防效80%以上。幼虫期可用80%敌百虫可溶粉剂1 000倍液或40%辛硫磷乳油1 000倍液灌根。

四、粟凹胫跳甲

1. 为害特点

粟凹胫跳甲（*Chaetocnema ingenua*）又称为粟胫跳甲、谷跳甲，俗称土跳蚤、地蹦子、麦跳甲等，分布于东北、华北、西北以及河南、湖北、江苏、福建等地，是谷糜、高粱、小麦、陆稻等粮食作物苗期的重要害虫。幼虫由茎基部咬孔钻入茎秆，造成枯心。表皮组织变硬时，便爬到顶心内部，取食嫩叶。顶心被吃掉，不能正常生长，形成丛生。成虫为害，则取食幼苗叶子的表皮组织，吃成白色纵条，使叶面破裂，甚至干枯死掉。受害严重的地区常常造成缺苗断垄，甚至毁种。

2. 发生规律

粟凹胫跳甲属鞘翅目，叶甲科。一年发生1～2代，以成虫在表土层中或杂草根际1.5cm处越冬。翌年5月上旬气温高于15℃时越冬成虫在麦田出现。成虫体长2.5～3mm，宽1.5mm，体椭圆形，背面拱凸，古铜色或蓝绿色，有金属光泽，头部漆黑色，密布刻点。5月下旬至6月中旬迁至谷田产卵。卵长椭圆形，米黄色至深黄色。末龄幼虫体长4～6mm，体长筒形，头尾两端渐细。头部黑色，前胸背板及臀板褐色，其余各节污白色，每节侧面及背面散生大小不等、排列不甚整齐的几个暗褐色斑。6月中旬至7月上旬进入第一代幼虫盛发期，一代成虫于6月下旬开始羽化，7月中旬产第二代卵，第二代幼虫为害盛期在7月下旬至8月上旬，第二代成虫于8月下旬出现，10月入土越冬。成虫能飞善跳，白天活动，中午烈日或阴雨天气多潜伏在叶背或叶鞘及土块下，喜食叶面的叶肉，仅残留表皮，形成白色纵纹，严重的致叶片纵裂或干枯。成虫一生交尾多次，可间断产卵，多把卵产在根际表土中，少数产在茎或叶鞘及土块下，每雌虫一生可产100粒卵，卵期7～11d，初孵幼虫喜欢为害6～10cm高的苗。幼虫共3龄，历期10～15d，老熟幼虫从苗近地表处咬孔钻出，在谷株附近钻入地下2～5cm土中作土室化蛹。裸蛹，椭圆形，乳白色。蛹期8～12d。

3. 防治方法

（1）农业防治。适期晚播，躲过成虫盛发期，可减轻受害。

（2）药剂防治。种前用种子重量0.2%的40%辛硫磷乳油，或50%甲胺磷乳油拌种。苗后4～5叶期喷洒5%氯氰菊酯乳油2 500倍液，或52.5%溴氰菊酯乳油3 000倍液。也可用3%甲胺磷粉剂每亩2kg，拌细土15kg撒在植株附近。

五、麦茎谷蛾

1. 为害特点

麦茎谷蛾（*Ochseenchimerca taurella*）又名麦螟、钻心虫、蛀茎虫等，分布于山东、河北、江苏、甘肃等冬麦区，是我国小麦、大麦的重要害虫。低龄幼虫在心叶内为害，小麦、大麦拔节后幼虫为害心叶，造成卷心、矮缩、枯心或形成残株。幼虫蛀食第一节茎基造成白穗。每只幼虫为害2～3株。

2. 发生规律

麦茎谷蛾属鳞翅目夜蛾科。一年发生1代，以低龄幼虫在小麦心叶内越冬，翌年小麦返青后开始为害，5月中下旬幼虫老熟后化蛹在小麦旗叶叶鞘内，少数在第二叶鞘内化蛹。蛹期20d左右。一般在5月下旬至6月上旬，小麦进入成熟期成虫开始羽化，成虫羽化喜在晴天上午进行，羽化历期约10d。成虫体长5.9～7.0mm，翅展11～13.5mm，雌虫略大于雄虫；全体密布粗鳞片，头顶密布灰黄色长毛，触角丝状。前翅长方形，灰褐色，外缘生有灰褐色细毛；后翅较前翅略宽，沿前缘具白色剑状斑，外缘及后缘生有灰白色缘毛。成虫爱飞，11：00—12：00最活跃，气温低于20℃停止活动，成虫羽化后活动一段时间后，在屋檐、墙缝、树皮缝内潜伏越夏，秋季产卵。卵长椭圆形。初孵幼虫白色，2龄以后变为黄白色；老熟幼虫体长10.5～15mm，细长筒形。前胸和腹部1～8节的气孔四周具黑色斑，中胸、后胸亦各生黑斑1个，第十腹节背面横列4个小黑点。幼虫有钻蛀为害习性，抽穗前后为害加重。

3. 防治方法

（1）农业防治。成虫羽化期，屋檐下隔2～3m挂麻袋等有皱褶的物件，诱其钻入后，翌晨集中处理。

（2）药剂防治。4月上中旬，幼虫爬出活动或转株为害时，可喷洒90%晶体敌百虫1 000倍液，或80%敌敌畏乳油1 500倍液，或40%辛硫磷乳油1 000倍液。

六、黑麦秆蝇

1. 为害特点

黑麦秆蝇（*Oscinella frit*），别称瑞典麦秆蝇，分布北起内蒙古、新疆，南限稍过黄河、山东泰安、陕西镇巴，东临渤海，西经甘肃到达新疆喀什。山东淄博、河北坝上、山西、甘肃、宁夏、青海麦区均较普遍。寄生于小麦、大麦、黑麦、燕麦及玉米等。幼虫钻入心叶或幼穗中为害，受害部枯萎或造成枯心。在分蘖以前受害较重。通常一代为害春小麦幼苗，二代为害燕麦穗，三代为害冬麦。

2. 发生规律

黑麦秆蝇属双翅目，秆蝇科。一年发生3～4代，以老熟幼虫在冬作物或野生禾本科植物茎内越冬。翌年冰层融化时化蛹，20d后羽化为第一代成虫，成虫体长约1.8mm，全体黑色有光，较粗壮；前胸背板黑色；触角黑色，吻端白色，翅透明；股节黑色，胫节棕黄色。经10～38d产卵，每雌蝇产卵70粒，多产在两三个叶片的苗茎或叶舌及叶面或叶稍上，偶尔产在土面或穗上。卵白色长圆柱形，具明显纵沟及纵脊。初孵幼虫像水一样透明，成熟时变为圆柱形，蛆状，黄白色，口钩镰刀状。初孵幼虫蛀入茎内，取食心叶下部或穗芽，使之枯萎，并在这些地方化蛹。蛹棕褐色，圆柱形，前端生小突起4个，后端有2个。完成一个世代需要22～79d。

3. 防治方法

参考麦秆蝇防治方法。

第四节　取食穗粒类害虫

一、小麦吸浆虫

1. 为害特点

小麦吸浆虫是一种世界性的毁灭性害虫，也是我国黄淮麦区的主要害虫。幼虫以口器锉破麦粒果皮，吸食麦粒浆液，出现瘪粒，严重时造成绝收。可局部成灾，减产80%以上，甚至绝收。除小麦外，还可为害大麦、青稞、燕麦、黑麦、雀麦等。小麦吸浆虫以幼虫潜伏在颖壳内吸食正在灌浆的麦粒汁液为害，造成小麦籽粒秕粒、空壳，幼虫还能为害花器、籽实。小麦受害后由于麦粒被吸空，麦秆表现为直立不倒，具有"假旺盛"的长势，田间表现为贪青晚熟。受害小麦麦粒有机物被吸食，麦粒变瘦，甚至成空壳，出现"千斤的长势，几百斤甚至几十斤的产量"的异常现象，主要原因是受害小麦千粒重大幅降低。小麦吸浆虫对小麦产量的影响是毁灭性的，一般可造成10%～30%的减产，严重的达70%以上，甚至绝收。

2. 发生规律

小麦吸浆虫包括麦红吸浆虫（*Sitodiplosis mosellana*）、麦黄吸浆虫（*Comtarinia tritci*），属双翅目瘿蚊科。两种吸浆虫基本上都是一年发生1代，以老熟幼虫在土中结茧越夏和越冬，翌年春季小麦拔节前后，有足够的雨水时越冬幼虫开始移向土表，小麦孕穗期，幼虫逐渐化蛹，小麦抽穗期成虫盛发，并产卵于麦穗上。

麦红吸浆虫每年发生1代或多年完成1代。以末龄幼虫在土壤中结圆茧越夏或越冬。翌年当地下10cm处地温高于10℃时，小麦进入拔节阶段，越冬幼虫破茧上升到表土层，10cm地温达到15℃左右，小麦孕穗时，再结茧化蛹，蛹期8～10d；10cm地温20℃上下，小麦开始抽穗，麦红吸浆虫开始羽化出土，各地成虫羽化期与小麦进入抽穗期一致。成虫体长2～2.5mm，翅展约5mm，体橘红色，雄虫触角14节，第三节后每节有两个等长的结，结上有1圈长毛；雌虫触角每节仅有1个节，环状毛极短；前翅发达、透明，后翅退化成平衡棒；胸部发达，腹部略呈纺锤形，较雌虫为细，末端稍向上弯曲；雄虫抱器基节有齿，端节细，前端有浅刻；雌虫腹部9节，细长，全部伸展时约为体长的一半，形成伪产卵管。该虫畏光，中午多潜伏在麦株下部丛间，多在早、晚活动，成虫寿命30多天，当天交配后把卵产在未扬花的麦穗上。卵多聚产在护颖与外颖、穗轴与小穗柄等处，每雌产卵60～70粒，卵长椭圆形，长约0.3mm，淡红色，表面光滑，近孵化时红色，前端较透明。卵期5～7d，初孵幼虫从内外颖缝隙处钻入麦壳中，附在子房或刚灌浆的麦粒上为害15～20d，经2次蜕皮，幼虫短缩变硬，开始在麦壳里蛰伏，抵御干热天气，这时小麦已进入蜡熟期。末龄幼虫2.5～3mm，体橙色或金黄色，长椭圆形，较扁，无足，蛆状，体表有鱼鳞状皱起。遇有湿度大或雨露时，苏醒后再蜕一层皮爬出颖外，弹落在地上，从土缝中钻入10cm处结茧越夏或越冬。该虫有多年休眠习性，遇有春旱年份有的不能破茧化蛹，有的已破茧，又能重新结茧再次休眠，休眠期有的可长达12年。蛹长约2mm，橘红色，头顶前有2根白毛，头的后面前胸处，有2根黑褐色长毛。

麦黄吸浆虫一年发生1代，成虫发生较麦红吸浆虫稍早，体鲜黄色，雌虫体长2mm，雄虫体长1.5mm；雄虫抱握器基节内缘光滑无齿，端节末齿小而不明显；雌虫伪产卵管细长，全伸出约为体长的2倍。雌虫把卵产在初抽出的麦穗上内、外颖之间，卵淡黄色，香蕉形，末端有丝状附属物。幼虫孵化后为害花器，以后吸食灌浆的麦粒，老熟幼虫离开麦穗时间早，在土壤中耐湿、耐旱能力低于麦红吸浆虫。其他习性与麦红吸浆虫近似。蛹体淡黄色，腹部带黄绿色。头前端有1对感觉毛，与1对呼吸管等长。黄吸浆虫也有休眠的习性，可在土中滞留4～5年。老熟幼虫在土壤中耐湿、耐旱能力低于麦红吸浆虫。其他习性与麦红吸浆虫近似。

吸浆虫发生与雨水、湿度关系密切，黄淮地区春季3—4月雨水充足，利于越冬幼虫破茧上升土表、化蛹、羽化、产卵及孵化，发生量大。麦红吸浆虫在20～25℃及20%～28%土壤含水量最适于发生。当土壤含水量达36%时，其死亡率达40%～45%。麦穗颖壳坚硬、扣合紧、种皮厚、籽粒灌浆迅速的品种受害轻。抽穗整齐，抽穗期与吸浆虫成虫发生盛期错开的品种，成虫产卵少或不产卵，可逃避其为害。主要天敌有宽腹姬小蜂、尖腹黑蜂、蚂蚁、蜘蛛等。

3. 防治方法

（1）农业防治。选用抗虫小麦品种，调整作物布局，改善农田环境，推广小麦—大豆—小麦或小麦—棉花一体化种植模式，优化组装综合防治技术。麦田连年深翻，小麦与油菜、豆类、棉花和水稻等作物轮作，对压低虫口数量有明显的作用。

（2）药剂防治。播种前用50%辛硫磷乳油200mL/亩，兑水15kg，喷在20kg干土上，拌匀制成毒土撒施在地表，耙入或翻入表层土壤有效。土内幼虫破茧上升土表时用50%辛硫磷乳油150mL/亩，按上法制成毒土，均匀撒在地表后，进行锄地，把毒土混入表土层中。也可在小麦抽穗前3～5d，于露水落干后撒毒土，毒土制法同上，可有效地灭蛹和刚羽化在表土活动的成虫。

在小麦抽穗至开花前，喷施15%氯氟·吡虫啉悬浮剂2 000倍液，或50%辛硫磷乳油，或2.5%溴氰菊酯乳油3 000倍液。该虫卵期较长，发生重的可连续防治2次。

二、棉铃虫

1.为害特点

棉铃虫（*Helicoverpa armigera*）又名棉铃实夜蛾，是一种世界性农业害虫，全国各地均有发生。食性杂，为害棉花、小麦、水稻、大豆、花生等多种作物。幼虫为害小麦，食叶成缺刻或孔洞，蛀食或咬断麦穗。

2.发生规律

棉铃虫属鳞翅目夜蛾科。在我国由北向南一年发生3～8代，辽宁、河北北部、内蒙古、新疆等地一年发生3代，华北及黄河流域一年发生4代，长江流域一年发生4～5代，华南地区一年发生6～8代，以滞育蛹在土中越冬。黄河流域越冬代成虫于4月下旬始见，第一代幼虫主要为害小麦、豌豆等，其中麦田占总量的70%～80%，第二代成虫始见于7月上中旬。成虫体长14～18mm，翅展30～38mm，灰褐色；前翅具褐色环状纹及肾形纹，肾纹前方的前缘脉上有2个褐色纹，肾纹外侧为褐色宽横带，端区各脉间有黑点；后翅黄白色或淡褐色，端区褐色或黑色；白天隐藏在叶背等处，黄昏开始活动，取食花蜜，有趋光性，在夜间交配产卵，每头雌成虫平均产卵1 000粒。卵散产，近半球形，底部较平，高0.51～0.55mm，直径0.44～0.48mm，顶部微隆起；初产时乳白色或淡绿色，逐渐变为黄色，孵化前紫褐色。卵表面可见纵横纹，其中伸达卵孔的纵棱有11～13条，纵棱有2岔和3岔到达底部，通常26～29条。幼虫多通过6龄发育，个别5龄或7龄，初孵幼虫先吃卵壳，后爬行到心叶或叶片背面栖息；第二天集中在生长点或嫩尖处取食嫩叶，但为害状不明显，2龄幼虫除食害嫩叶外，开始取食幼荚，3龄以上幼虫常互相残杀，4龄后幼虫进入暴食期，幼虫有转株为害习性，转移时间多在9：00和17：00；老熟幼虫体长30～41mm，体色变化很大，由淡绿、绿色、淡红、黄白至红褐乃至黑紫色，常见为绿色型及红褐色型；头部黄褐色，背线、亚背线和气门上线呈深色纵线，气门白色，腹足趾钩为双序中带；老熟幼虫在3～9cm表土层筑土室化蛹。蛹长14～23mm，纺锤形，初蛹为灰绿色、绿黑色或褐色，复眼淡红色，近羽化时呈深褐色，有光泽，复眼黑色。腹部第五节至第七节背面和腹面有比较稀而大的马蹄形刻点；臀棘钩刺2根，尖端微弯。

棉铃虫主要天敌有龟纹瓢虫、红蚂蚁、叶色草蛉、中华草蛉、大草蛉、隐翅甲、姬猎蝽、微小花蝽、异须盲蝽、狼蛛、草间小黑蛛、卷叶蛛、侧纹蟹蛛、三突花蛛、蚁型狼蟹蛛、温室希蛛、黑亮腹蛛、螟黄赤眼蜂、侧沟茧蜂、齿唇姬蜂、多胚跳小蜂等。

3. 防治方法

（1）农业防治。因地制宜种植抗虫品种。深翻冬灌，减少虫源，通过深耕，把越冬蛹翻入土层，破坏其蛹室。结合冬灌，降低越冬蛹成活率。

（2）物理防治。在麦田放置几把萎蔫的杨柳枝树把，诱其成虫产卵，然后带出田外，用黑光灯集中诱杀处理。

（3）保护和利用天敌。

（4）药剂防治。一代棉铃虫主要为害小麦，卵盛期在5月上中旬，麦田防治指标为每平方米有2龄幼虫8头或百株累计卵量16粒左右。选用甲维盐、茚虫威、虫螨腈、虱螨脲等单剂的复配药剂。

三、麦穗夜蛾

1. 为害特点

麦穗夜蛾（*Apamea sordens*）别称麦穗虫，分布在内蒙古、甘肃、青海等地。主要为害小麦、大麦、青稞、冰草、马莲草等作物。以幼虫为害。初孵幼虫在麦穗的花器及子房内为害，2龄后在籽粒内取食，4龄后将小麦旗叶吐丝缀连卷成筒状，潜伏其中，日落后出来为害麦粒，仅残留种胚，致使小麦不能正常生长和结实。

2. 发生规律

麦穗夜蛾属鳞翅目，夜蛾科。一年发生1代。以老熟幼虫在田间和芨芨草墩下越冬。4月越冬幼虫开始活动，4月下旬至5月中旬幼虫在土表作茧化蛹。蛹长18~21.5mm，黄褐色或棕褐色；蛹期1.5~2个月。羽化盛期在6月中旬至7月上旬。成虫体长16mm，翅展42mm左右，全体灰褐色；前翅有明显黑色基剑纹在中脉下方呈燕飞形，环状纹、肾状纹银灰色，边黑色；基线淡灰色双线、亚基线、端线浅灰色双线，锯齿状；亚端线波浪形浅灰色；前翅外缘具7个黑点，缘毛密生；后翅浅黄褐色。成虫日伏夜出，取食小麦花粉。卵多产在小麦第一小颖内侧或子房上，一般卵以块状产下，用胶质物黏合在一起，每块有卵7~30粒，卵期13d左右，卵圆球形，卵面有花纹。幼虫7龄，初孵幼虫取食花器与子房，个别为害颖壳内壁表皮层，一般1~2头或8~9头群集在一粒麦种为害，2龄后即在籽粒内食害，4龄进入暴食期，将小麦旗叶吐丝缀连成筒状，白日潜伏其中，日落后出来取食麦粒，仅残留种胚，天亮前停食。末龄幼虫体长33mm左右，头部具浅褐黄色"八"字纹；颅侧区具浅褐色网状纹；前胸盾板、臀板上生背线和亚背线，将其分成4块浅褐色条斑，虫体灰黄色，背面灰褐色，腹面灰白色。每头幼虫可食害小麦30粒左右，幼虫为害期平均2~2.5个月。小麦收获后，幼虫转移到土表层内，并可在麦捆下继续取食，9月中旬后陆续在土中作土室越冬。

3. 防治方法

（1）农业防治。设置诱集带。该虫成虫羽化后交尾前以取食油菜花蜜为主，其高峰期的出现正值当地大面积油菜盛花期，且喜欢在早熟的青稞、小麦等作物穗部产卵，同一小麦田中混杂的青稞及早熟小麦上产卵最多，受害最重。根据这一习性，在小麦田四周及地中间按规格种植青稞及早熟小麦，则能诱集成虫产卵。同时，由于麦穗夜蛾幼虫有3龄前在颖壳内为害穗粒，4龄以后幼虫转移取食的习性，待诱集带产卵后幼虫转移前，将诱集带及时拔除或喷药，就会大大减少虫源，达到保护大田小麦不受害的目的。

（2）物理防治。在成虫产卵前用黑光灯诱杀。

（3）药剂防治。掌握在4龄前及时用80%敌敌畏乳油，或90%晶体敌百虫1 000~2 000倍液，或50%辛硫磷乳油1 000倍液，喷雾防治，每亩用药液75kg。应在日落后喷洒上述杀虫剂。

第五节　地下害虫

一、蛴螬

1. 为害特点

蛴螬是金龟甲的幼虫，别名白土蚕、核桃虫。该虫喜食萌发的种子、幼苗的根、茎；苗期咬断幼苗的根、茎，断口整齐平截，地上部幼苗枯死，造成田间大量缺苗断垄或幼苗生长不良，使杂草大量萌发，过多的消耗土壤养分，增加了化学除草成本或为翌年种植作物留下隐患。蛴螬地下部食物不足时，夜间出土活动，为害近地面茎秆表皮，造成地上部植株黄瘦，生长停滞，瘪粒，减产或绝收。后期受害造成千粒重降低，不仅影响产量，而且降低商品性。蛴螬成虫喜食叶片、嫩芽，造成叶片残缺不全，加重为害。

2. 发生规律

蛴螬属鞘翅目金龟甲总科，是世界上公认的重要地下害虫，可为害多种植物，是近几年为害最重、给农业生产造成巨大损失的一大类群。蛴螬在我国分布很广，各地均有发生，但以我国北方发生较普遍。据资料记载，我国蛴螬的种类有1 000多种，其中为害食用豆的种类主要有大黑鳃金龟（*Holotrichia oblita*）、暗黑鳃金龟（*Holotrichia parallela*）、铜绿丽金龟（*Anomala corpulenta*）。蛴螬是一类生活史较长的昆虫，每年发生代数因种、因地而异。一般一年1代，或2～3年1代，长者5～6年1代，如大黑鳃金龟2年1代，暗黑鳃金龟、铜绿丽金龟一年1代，小云斑鳃金龟在青海4年1代。蛴螬共3龄，1龄、2龄期较短，3龄期最长。以成虫和幼虫越冬，成虫在土下30～50cm处越冬，羽化的成虫当年不出土，一直在化蛹土室内匿伏越冬；幼虫一般在地下55～145cm处越冬，越冬幼虫在翌年5月上旬，开始为害幼苗地下部分。成虫交配后10～15d产卵，产在松软湿润的土壤内，以水浇地最多，每头雌虫可产卵100粒左右。蛴螬有假死性和负趋光性，并对未腐熟的粪肥有趋性。白天藏在土中，20：00—21：00进行取食等活动。当10cm土温达5℃时，开始上行到土表；13～18℃活动最盛，高于23℃时，则向深土层转移；当秋季土温下降到其活动适温时，再移向土壤上层。因此，蛴螬发生最重的季节主要是春季和秋季。蛴螬的发生规律与土壤湿度密切相关，连续阴雨天气、土壤湿度大，蛴螬发生严重；有时虽然温度适宜，但土壤干燥，则死亡率高。低温、降雨天气，很少活动；闷热、无雨天气，夜间活动最盛。连作地块，发生较重；轮作田块，发生较轻。蛴螬在土壤中的活动与土壤温度关系密切，特别是影响蛴螬在土壤内的垂直活动。

3. 防治方法

（1）农业防治。秋季深耕细耙，经机械杀伤和风冻、天敌取食等有效减少土壤中地下害虫的越冬虫口基数。春耕耙耢，可消灭地表害虫卵粒、上升表土层的幼虫，从而减轻为害。

①合理施肥：施用腐熟的有机肥，能有效减少金龟甲等产卵，碳铵、腐植酸铵、氨水、氨化磷酸钙等化肥深施既提高肥效，又能因腐蚀、熏蒸作用杀伤一部分地下害虫。

②适时灌水：适时进行春灌和秋灌，可恶化地下害虫生活环境，起到淹杀、抑制活动、推迟出土或迫使下潜、减轻为害的作用。

（2）生物防治。在土壤含水量较高或有灌溉条件的地区，可利用白僵菌粉剂

14kg/hm²，均匀拌细土15～25kg制成菌土，与种肥拌匀，播种时利用播种机随种肥、种子一起施入地下，也可用绿僵菌颗粒剂44kg/hm²直接随种子播种覆土。蛴螬成虫始发期可用白僵菌粉剂14kg/hm²，或绿僵菌粉剂3.5kg/hm²进行田间地表喷雾。

（3）药剂防治。

①土壤处理：结合播前整地，进行土壤药剂处理。可选每亩用5%辛硫磷颗粒剂200g拌30kg细沙或煤渣撒施。

②药剂拌种：可选用种子重量0.2%的50%辛硫磷或50%二嗪磷乳油等药剂，加种子重量2%的水稀释。均匀喷拌于种子上，堆闷6～12h，待药液吸干后播种，可防蛴螬等为害种芽。选用的药剂和剂量应进行拌种发芽试验，防止降低发芽率及发生药害。

③苗后防治：可用500g 48%毒死蜱乳油拌成毒饵撒施，或用5%辛硫磷颗粒剂直接撒施，或喷施50%辛硫磷乳油、10%吡虫啉可湿性粉剂等，防治成虫，将绿僵菌与化学药剂混用杀虫效果最佳。

苗期地下害虫为害较重时，也可进行药液浇根，用不带喷头的喷壶或拿掉喷片的喷雾器向植株根际喷药液。可选用50%辛硫磷乳油1 000倍液，或80%敌百虫可湿性粉剂600～800倍液，或80%敌敌畏乳油1 500倍液。

二、蝼蛄

1. 为害特点

蝼蛄又名拉拉蛄、土狗子等，是我国常见的一种杂食性害虫。蝼蛄主要为害小麦、玉米、豆类、谷子、棉花、烟草和蔬菜，尤其是早春苗床、阳畦及地膜覆盖田发生早、为害重，因此必须重视播种期防治。该虫成虫、若虫均在土中活动，取食播下的种子、幼芽或将幼苗咬断致死，受害的根茎部呈乱麻状。由于蝼蛄的活动将表土层窜成许多隧道，使苗根脱离土壤，致使幼苗因失水而枯死，造成缺苗断垄。

2. 发生规律

蝼蛄属直翅目蝼蛄科，在山东省有华北蝼蛄（*Gryllotalpa unispina*）和东方蝼蛄（*Gryllotalpa orientalis*）。

华北蝼蛄3年发生1代，成虫体长36～50mm，雌性个体大，雄性个体小，黄褐色，腹部色较浅，全身被褐色细毛，头暗褐色，前胸背板中央有一暗红斑点；前足为开掘足，后足胫节背面内侧有0～2个刺，多为1个；以成虫和8龄以上的各龄若虫在1.5m以上的土中越冬，翌年3—4月若虫开始上升为害，地面可见长约10cm的虚土隧道，4—5月地面隧道大增即为害盛期；6月上旬当隧道上出现虫眼时已开始出窝迁移和交尾产卵，6月下旬至7月中旬为产卵盛期，8月为产卵末期。喜在土质疏松、缺苗断垄、干燥向阳的轻盐碱地里产卵，沙壤土地发生较多。初孵若虫最初较集中，后分散活动，至秋季达8~9龄时即入土越冬；翌年春季，越冬若虫上升为害，到秋季达12~13龄时，又入土越冬；第三年春产卵羽化为成虫越冬。

东方蝼蛄1~2年发生1代，成虫体型较华北蝼蛄小，30~35mm，雌性个体大，雄性个体小，灰褐色，全身生有细毛，头暗褐色；飞行能力很强；前足为开掘足，后足胫节背后内侧有3~4个刺；以老熟幼虫或者成虫在土中越冬，翌年4月越冬成虫为害至5月，在黄淮地区，越冬成虫5月开始产卵，盛期为6—7月，卵经15~28d孵化，当年孵化的若虫发育至4~7龄后，在40~60cm深土中越冬，翌年春季恢复活动，为害至8月开始羽化为成虫，若虫期长达400余天。当年羽化的成虫少数可产卵，大部分越冬后，至第三年才产卵。

当春天气温达8℃时蝼蛄开始活动，秋季低于8℃时则停止活动，春季随气温上升为害逐渐加重，地温升至10~13℃时在地表下形成长条隧道为害幼苗；地温升至20℃以上时则活动频繁，进入交尾产卵期；地温降至25℃以下时，成、若虫开始大量取食积累营养准备越冬，秋播作物受害严重。土壤中大量施用未腐熟的厩肥、堆肥，易导致蝼蛄发生，受害较重。当深10~20cm处土温在16~20℃、含水量22%~27%时，有利于蝼蛄活动；含水量小于15%时，其活动减弱，所以春、秋有两个为害高峰，在雨后和灌溉后常使为害加重。

3. 防治方法

参考蛴螬防治方法。

三、金针虫

1. 为害特点

金针虫是叩甲幼虫的通称，俗称节节虫、铁丝虫、土蚰蜒等。广布世界各地，为害小麦、玉米等多种农作物以及林木、中药材和牧草等，多以植物的地下部分为食，是一类为害极重的地下害虫。多数种类为害农作物和林草等的幼苗及根部，是地下害虫的重要类群之一。金针虫咬蛀刚播下的种子、幼芽，使其不能发芽，也可以钻蛀玉米苗茎基部内取食，有褐色蛀孔。在土壤中为害幼苗根茎部，可咬断刚出土的幼苗，被害处不完全咬断，断口不整齐，被害植株则干枯而死。成虫则在地上取食嫩叶。

2. 发生规律

金针虫属鞘翅目（Coleoptera）叩甲科（Elateridae）昆虫幼虫的总称，该虫分布广，为害重，在世界范围内是一类重要的地下害虫，多数种类为害农作物和林草等的幼苗及根部，是地下害虫的重要类群之一。取食小麦的主要有沟金针虫（*Pleonomus canaliculatus*）、细胸金针虫（*Agriotes subrittatus*）、褐纹金针虫（*Melanotus caudex*）和宽背金针虫（*Selatosomus latus*）等，其中又以沟金针虫发生为害最为严重。金针虫生活史很长，世代重叠严重，常需2～5年才能完成1代；幼虫一般有13个龄期，田间终年存在不同龄期的大、中、小3类幼虫；以各龄幼虫或成虫在土层中越冬或越夏。

沟金针虫成虫雌雄差别较大，雌虫体长16～17mm；雄虫体长14～18mm。雌虫扁平宽阔，背面拱隆；雄虫细长瘦狭，背面扁平；体深褐色或棕红色，全身密被金黄色细毛，头和胸部的毛较长；雌虫后翅退化；雄虫足细长，雌虫足明显粗短。卵乳白色，椭圆形。初孵幼虫体乳白色，头及尾部略带黄色；体长约2mm，后渐变黄色；老龄幼虫体长20～30mm，体节宽大于长，从头至第九腹节渐宽。体金黄色，体表有同色细毛，侧部较背面为多；头部扁平，上唇呈三叉状突起；从胸背至第十腹节，每节正中央有条细纵沟；化蛹初期体淡绿色，后渐变深色。沟金针虫发育很不整齐，一般3年完成1代，少数2年、4年完成1代，以成虫或幼虫在土层中越冬。在华北地区，越冬成虫在春季10cm土温达10℃左右时开始出土活动，土温稳定在10～15℃时达到活动高峰。成虫白天藏躲在表土中，或田旁杂草和土块下，傍晚爬出土面活动交配。雄虫出土迅速，性活跃，飞翔力较强，仅作短距离飞翔，夜晚一直在叶尖上停留，未见成虫觅食，黎明前成虫潜回土中。雌虫无后翅，行动迟缓，不能飞翔，活动范围小，有假死性，无趋光性，有集中发生的特点。产卵盛期在4月中旬，卵经20d孵化；幼虫期长达3年左右，孵化的幼虫在6月形成一定为害后下移越夏，待秋播开始时，又上升到表土层活动，为害至11月上中旬，然后下移20～40cm处越冬；翌年春季越冬幼虫上升活动与为害，3月下旬至5月上旬为害最重。随后越夏，秋季为害然后越冬。第三年春季继续出土为害，直至8—9月在土中化蛹，蛹期12～20d。9月初开始羽化为成虫，成虫当年不出土而越冬，翌年春才出土交配、产卵。

细胸金针虫成虫体长8～9mm，体形细长扁平；头、胸部黑褐色，鞘翅、触角和足红褐色，光亮；前胸背板长稍大于宽，后角尖锐，顶端略上翘；鞘翅狭长，末端趋尖。卵乳白色，近圆形。老熟幼虫体长约32mm，淡黄色，光亮；头扁平，口器深褐色。第一胸节较第二胸节和第三胸节稍短。1～8腹节略等长，尾节圆锥形，近基部两侧各有1个褐色圆斑和4条褐色纵纹，顶端具1个圆形突起。蛹浅黄色。多2年完成1代，也有一年或3～4年完成1代的，以成虫和幼虫在土中20～40cm处越冬。翌年3月上中旬开始出土为害，4—5月为害最盛，成虫昼伏夜出，有假死性，对腐烂植物的气味有趋性，常群集在腐烂发酵气味较浓的烂草堆和土块下。6月下旬至7月上旬为产卵盛期，卵产于表土内。幼虫耐低温，早春相对其他种类金针虫上升为害早，秋季下降迟，喜钻蛀和转株为害。土壤温湿度对其影响较大，幼虫耐低温而不耐高温，地温超过17℃时，幼虫向深层移动。细胸金针虫不耐干燥，要求土壤湿度20%～25%，适于偏碱性潮湿土壤，在春雨多的年份发生重。

褐纹金针虫成虫体长8～10mm，体细长，黑褐色，生有灰色短毛。头部凸形黑色，密生较粗点刻。触角、足暗褐色，前胸黑色，但点刻较头部小。唇基分裂。前胸背板长明显大于宽，后角尖，向后突出。鞘翅狭长，自中部开始向端部逐渐变尖。卵椭圆形，初产时乳白略黄。老熟幼虫体长25～30mm，细长圆筒形，茶褐色，有光泽，第一胸节及第九腹节红褐色。头扁平，梯形，上具纵沟，布小刻点；身体自中胸至腹部第八节各节前缘两侧生有深褐色新月形斑纹。初蛹乳白色，后变黄色，羽化前棕黄色。褐纹金针虫在华北地区常与细胸金针虫混合发生。褐纹金针虫3年完成1代，以成虫或幼虫在20～40cm土层中越冬。10cm地温达20℃，成虫大量出土，当空气湿度达63%～90%时雄虫活动极为频繁，湿度在37%以下很少活动，所以久旱逢雨对其活动极为有利。成虫昼出夜伏，夜晚潜伏于土中或土块、枯草下等处。成虫具假死性，无趋光性，有叩头弹跳能力。越冬成虫在翌年5月上旬开始活动，5月中旬至6月上旬活动最盛。5月底至6月下旬为成虫产卵期，6月上中旬为产卵盛期。卵多散产，卵期约16d，孵化整齐。幼虫在4月上中旬开始活动，为害幼苗，1个月后幼虫下潜，9月又上升为害，10cm地温8℃时又下潜越冬。

宽背金针虫成虫雌虫体长10.5～13.1mm，雄虫体长9.2～12.0mm，粗短宽厚。体褐铜色或暗褐色，前胸和鞘翅带有青铜色或蓝色色调。头具粗大刻点。触角暗褐色而短。前胸背板横宽，侧缘具有翻卷的边沿，向前呈圆形变狭，后角尖锐刺状，伸向斜后方。小盾片横宽，半圆形。鞘翅宽，适度凸出，端部具宽卷边。卵乳白色，近球形。老熟幼虫体长20～22mm，体棕褐色。腹部背片不显著凸出，有光泽，隐约可见背纵线。背片具圆形略凸出的扁平面，上覆有2条向后渐近的纵沟和一些不规则的纵皱，其两侧有明显的龙骨状缘，每侧有3个齿状结节。初蛹乳白色，后变白带浅棕色。4～5年完成1代，以成虫和幼虫越冬，越冬成虫5月开始出现，越冬幼虫于4月末至5月初开始上升活动，老熟幼虫7月下旬化蛹。宽背金针虫如遇过于干旱的土壤，也不能长期忍耐，但能在较干旱的土壤中存活较久，此种特性使该种能分布于开放广阔的草原地带。在干旱时往往以增加对植物的取食量来补充水分的不足，为害常更突出。

耕作栽培制度对金针虫发生程度也有一定的影响，一般精耕细作地区发生较轻。耕作对金针虫既有直接的机械损伤，也能将土中的蛹、休眠幼虫或成虫翻至土表，使其暴露在不良气候条件下或遭到天敌的捕杀。在一些间作、套种面积较大的地区，由于犁耕次数较少，金针虫为害往往较重。

3. 防治方法

参考蛴螬防治方法。

四、耕葵粉蚧

1. 为害特点

耕葵粉蚧（*Trionymus agrostis*）主要为害小麦、玉米、谷子、高粱等禾本科作物及禾本科杂草。20世纪80年代末在河北省首先发现，近年来河北、河南、山东、山西等地均有发生。以雌成虫及若虫在近地面的叶鞘内及根茎部刺吸寄主的汁液，密集为害，轻者使受害植株的茎叶发黄，生长缓慢；重者使植株矮小细弱，下部叶片干枯或根茎部变粗，不能结实，甚至整株枯死，严重减产。

2. 发生规律

耕葵粉蚧属半翅目粉蚧科。该虫一年发生3代，每年9—10月雌成虫产卵越冬。卵长椭圆形，初橘黄色，孵化前浅褐色，卵囊白色，棉絮状。翌年4月中下旬，气温17℃左右时开始孵化，孵化期半个多月。若虫共有2龄，1龄若虫体长0.61mm，无蜡粉；2龄若虫体长0.89mm，宽0.53mm，体表出现白蜡粉。初孵若虫先在卵囊内活动1～2d，再向四周分散，寻找寄主后固定下来为害。1龄若虫活泼，没有分泌蜡粉保护层，是药剂防治的最佳时期，2龄后开始分泌蜡粉，在地下或进入植株下部的叶鞘中为害。雌若虫老熟后羽化为雌成虫，雌成虫体长3～4.2mm，长椭圆形而扁平，两侧缘近似于平行，红褐色，全身覆一层白色蜡粉；雄成虫体长1.42mm，身体纤弱，全体深黄褐色。雌成虫把卵产在茎基部土中或叶鞘里。第一代发生在4月中下旬至6月中旬，以若虫或雌成虫为害小麦，在小麦茎基部吸食汁液。第二代发生在6月中旬至8月上旬，主要为害夏玉米幼苗，6月中旬末卵孵化为若虫，爬到玉米上为害，这时玉米抵抗力差，易造成为害。第三代于8月上旬至9月中旬为害玉米或高粱，对其产量影响不大。

3. 防治方法

参考蛴螬防治方法。

五、绿翅脊萤叶甲

1. 为害特点

绿翅脊萤叶甲（*Geinula jacobsoni*）又名绿翅短鞘萤叶甲，为害麦类及禾本科杂

149

草，分布于青海、四川、西藏。幼虫为害麦类及禾本科杂草，成虫不取食禾本科作物。以幼虫蛀入正处在分蘖阶段的麦苗根部茎节内，取食嫩茎的内壁组织，致受害苗变为灰绿色，苗心枯死，基部叶片增厚，常成团或成片受害，边际受害重，造成小麦、大麦缺苗。可转株为害，造成枯心、缺苗甚至毁种无收，严重影响粮食产量。

2.发生规律

绿翅脊萤叶甲属鞘翅目，叶甲科。一年发生1代，以卵在土内越冬，卵期9个月。成虫体长3.5~6mm，宽1.9~2.5mm，初羽化成虫有变色现象，羽化后6~8h鞘翅为金绿色，24h多变为黑色，前胸背板黄褐色。触角粗壮，1~7节黄褐色，8~11节黑色；头部具较深的中沟，上唇略大，前缘中部凹陷很深，触角间平，额瘤光滑；头顶平，生有粗刻点及短卧毛；前胸背板四周有边框；盘区有凹洼3个；小盾片基部较宽，端部窄；鞘翅皮革状，横纹和短毛密布，刻点较粗，肩甲突出；足粗短；雄虫腹部末端中部有宽凹切，雌虫腹端中部平切。雌虫生长迅速，雌、雄交尾一次完成需5~7min。该虫后翅退化，不能飞行，主要靠爬行，活动范围不大。成虫于每年的7月下旬至8月下旬产卵，产卵量14~140粒。卵椭圆形，表面具有很密的突起，初产时橘黄色，孵化前黄褐色或黑褐色。翌年4月下旬至6月上旬孵化，初孵幼虫体长2.4mm，青灰色；老熟幼虫黄色，体长10~12mm，头、前胸背板、臀板黑褐色，质地较硬，其余各节体背有大小不等的黑褐色骨片整齐排列，并生有刚毛。幼虫于6月下旬至9月下旬化蛹，离蛹，长0.3~0.5mm，初乳白色，后变鲜黄色至金黄色；蛹期9~18d。成虫于产卵后3~15d死亡。成虫有群集取食的习性，喜在田边40m范围内的艾蒿、冷蒿、臭蒿、大蓟上取食，有群集性转移为害习性，有假死性。

3.防治方法

（1）农业防治。及时清除田间杂草，并铲除地块边际直径50m内的蒿类、大蓟等杂草，切断成虫食源。

（2）药剂防治。成虫取食阶段尚未产卵时，喷洒2.5%敌杀死乳油2 000倍液或20%甲氰菊酯乳油3 000倍液、20%氰戊菊酯乳油1 500倍液。上年受害严重麦田，撒施5%辛硫磷颗粒剂，于播种前撒在土面上，随即耕翻或耙糖。

六、麦根蝽

1.为害特点

麦根蝽（*Stibaropus formosanus*）别名根土蝽、根蝽象等，分布于华北、东北、西北及我国台湾。成、若虫以口针刺吸寄主根部的营养。为害小麦、玉米、谷子、高粱及禾本科杂草，为害小麦时，4月中下旬开始显症，5月上中旬叶黄、秆枯、炸芒。为害导致提早半个月枯死，致穗小粒少，千粒重明显下降，减产20%～30%或点片绝收。

2. 发生规律

麦根蝽属半翅目土蝽科。山东2年发生1代，个别3年1代，以成虫或若虫在土中30～60cm深处越冬。成虫体长约5mm，近椭圆形，橘红至深红色，有光泽；触角5节，复眼浅红色，1对单眼黄褐色，头顶前缘具1排短刺横列；前胸宽阔，小盾片为三角形，前翅基半部革质，端半部膜质，后翅膜质；前足腿节短，胫节略长，跗节黑褐色变为"爪钩"；中足腿节较粗壮，胫节似短棒状，外侧前缘具1排扫帚状毛刺；后足腿节粗壮。翌年越冬代成虫4月逐渐上升到耕作层为害和交尾，5月中下旬产卵，卵椭圆形，淡青色至乳白色或暗白色。6月上旬至7月上中旬出现大量若虫，若虫共5龄，每个龄期30～45d，若虫越冬后至翌年6—7月，老熟若虫羽化。末龄若虫体长与成虫相近，头部、胸部、翅芽黄色至橙黄色，腹背具3条黄线，腹部白色。若虫期和成虫期需1年左右，条件不利时若虫期可长达2年。世代不够整齐，有世代重叠现象。

该虫有假死性，能分泌臭液，在土中交配，把卵散产在20～30cm潮湿土层里，产卵量数粒至百余粒。成虫于6—8月土温高于25℃或天气闷热的雨后或灌溉后，部分成虫出土晒太阳，身体稍干即可爬行或低飞。干旱年份发生为害重。

3. 防治方法

（1）农业防治。为害严重的地区实行小麦与非禾本科作物轮作。

（2）药剂防治。在播前施用3%甲基异柳磷颗粒剂，每亩用量3kg，撒在播种沟内进行土壤处理。雨后或灌水后于中午施用辛硫磷等农药有效。

第六节　仓储害虫

小麦营养丰富，抗虫性差，除了少数豆类专食性害虫外，几乎能被所有的储粮害虫侵蚀，其中以玉米象、麦蛾等害虫为害最为严重。

一、玉米象

1. 为害特点

玉米象（*Sitophilus zeamais*）别名米牛、铁嘴，是中国储粮的头号害虫，也是世界性的重要储粮害虫。玉米象属于钻蛀性害虫，成虫食害禾谷类种子，以及面粉、油料、植物性药材等仓储物，以小麦、玉米、糙米及高粱受害最重；幼虫只在禾谷类种子内为害。主要为害贮存2~3年的陈粮，成虫啃食，幼虫蛀食谷粒，是一种最主要的初期性害虫。储粮被玉米象咬食而造成许多碎粒及粉屑，易引起后期性害虫的发生。为害后能使粮食水分增高和发热。能飞到田间为害。

2. 发生规律

玉米象属鞘翅目象甲科。一年发生1代至数代，因地区而异。既能在仓内繁殖，也能飞到田间繁殖。玉米象成虫体长2.9~4.2mm；体暗褐色，鞘翅常有4个橙红色椭圆形斑；喙长，除端部外，密被细刻点；触角位于喙基部之前，柄节长，索节6节，触角棒节间缝不明显；前胸背板前端缩窄，后端约等于鞘翅之宽，背面刻点圆形，沿中线刻点多于20个；鞘翅行间窄于行纹刻点；前胸和鞘翅刻点上均有一短鳞毛；后翅发达，能飞。雄虫阳茎背面有两纵沟，雌虫"Y"字形骨片两臂较尖；耐寒力、耐饥力、产卵力均较强，发育速度较快。卵椭圆形，乳白色，半透明；下端稍圆大，上端逐渐狭小，上端着生帽状圆形小隆起。

3. 防治方法

（1）改善粮食贮存条件，保持仓库清洁，堵塞缝隙防止玉米象及其他存储害虫的进入，从而减少对粮食的为害。

（2）改进贮藏技术，如用草木灰、塑料膜或牛皮纸隔离贮藏害虫。如虫害已发生，要通过暴晒把玉米象从粮食中驱赶出来，使有虫害的与无虫害的粮食分开。

（3）通过喷洒药剂触杀或者磷化氢熏蒸。

（4）若保存粮食的量小，也可以通过防虫包装或者是在包装袋中加入长效的气味驱虫剂，保护粮食免受玉米象的为害。

二、麦蛾

1. 为害特点

麦蛾（*Sitotroga cerealella*），又称麦蝴蝶、飞蛾，是仅次于玉米象的主要储粮害虫。除西藏、新疆外，各地均有发生。以幼虫蛀食麦粒、稻谷、玉米、高粱、糜子、粟和豇豆等，被害粮粒大部分被蛀空。

2. 发生规律

麦蛾属鳞翅目麦蛾科。一年发生2~7代。以老熟幼虫在粮粒内越冬。在仓内和田间都能繁殖。成虫体长4~5mm，翅展14~18mm；体灰黄色；复眼黑色，触角丝状，灰褐色；头顶和颜面密布灰褐色鳞毛；下唇须灰褐色，第二节较粗，第三节末端尖细，略向上弯曲，不超过头顶；前翅灰白色，似竹叶形，通常有不明显的黑褐色斑纹，后缘毛长，褐色；后翅灰白色，呈梯形，外缘凹入，顶角尖而突出，后缘毛很长，与翅面宽相等。成虫产卵于仓内，多产在小麦腹沟近胚部或腹沟内、稻谷护颖内或颖片间的凹缝处和稻谷表面、玉米胚部。卵扁平，椭圆形，初产时乳白色，后变淡红色。幼虫孵化后，通常由谷粒胚部或损伤处蛀入。1龄幼虫能钻入粮堆内为害，93%~98%幼虫集中于粮堆表面至20cm深处为害。幼虫老熟时体长5~8mm，头部小，淡黄白色，胸部较肥大，向后逐渐细小；初孵时淡红色，2龄淡黄色，老熟乳白色；胸足极短小，腹足及臀足显著退化呈肉质突。蛹细长，一般5~6mm，黄褐色。成虫飞行力强，能飞到田间产卵、繁殖。田间卵多产于灌浆后，近黄熟的稻麦穗上和玉米粒上，少数产在茎叶和花上。每雌平均产卵133粒，最多389粒。幼虫孵化后2~3d不蛀入粮粒时，一般即死亡。通常每粒粮内寄生1头幼虫，而且通常有食完1粒后另蛀入健粒的现象。

3. 防治方法

（1）农业防治。压盖粮面；移顶或揭面，暴晒或熏蒸；仓库应安上纱门纱窗，防止感染；当日照平均温度在44℃时，将粮食表层带虫粮暴晒6h，杀死麦蛾的卵、幼虫及蛹；用干燥清洁无虫的稻草扎成直径为7cm的草束，两端张开，平铺在粮堆表面，纵横间隔50cm，进行诱杀。

（2）药剂防治。防治麦蛾等储粮害虫的熏蒸剂主要有溴甲烷、氯化苦、二溴乙烷等，由于其残留高，对人、畜毒害强，已经禁止使用。之后使用最多最广的熏蒸剂为磷化氢，其次是甲酸乙酯。

（3）气调储粮。指通过改变贮藏环境中大气气体的成分，以达到延缓粮食品质降低，抑制虫、霉、螨呼吸的一种贮藏保鲜技术，也是应用于大型粮库的主要防治手段之一，具有同磷化氢、溴甲烷熏蒸相同的防治效果，延缓了麦蛾抗性问题。

三、米象

1. 为害特点

米象（*Sitophilus oryzae*）俗称蚌子，是贮藏谷物的主要害虫。主要寄生在贮存2~3年的陈粮中，如玉米、水稻、小麦、高粱和面粉等谷物，其成虫啃食谷物颗粒，幼虫在谷物内部蛀食。由于其生长繁殖速度很快，为害甚广，地理分布可以遍布全世界，而在我国，则主要分布在南方。近年来米象的为害较为严重。

2. 发生规律

米象属鞘翅目象甲科。米象一年有8～9个世代，平均一个世代为20～50d，在温度较高时繁殖得较快，在我国不同的地域，其发生状况也不完全相同，在甘肃陇东一年发生1代，东北一年发生1～2代，山东约2代，浙江、陕西3～4代，广东7代。主要以成虫潜伏在仓内阴暗潮湿的砖石缝中越冬，也可在仓外松土、树皮、田埂边越冬。翌年5月中下旬越冬成虫开始活动。成虫体长为2.4～2.9mm，宽为0.9～1.5mm，体形呈卵圆形，体色呈红褐色至沥青色，其背部无光泽或光泽很暗；头部很小，刻点较明显，口吻细长，酷似象鼻，雌虫的口吻较雄虫细长，且微微向下弯曲，具有一定的光泽，而雄虫的口吻短粗，不弯曲，吻背有纵向突起的细线和明显的小刻点，无光泽。米象额部前端扁平；喙的基部较为粗大。触角呈膝状，顶端呈圆形，着生于基部的1/4～1/3处。前胸比头部宽大，长宽大约相等，基部很宽，且向前缩小变细，背部上密布着圆形的小型刻点。鞘翅也密布刻点，每个刻点上各具一根直立的鳞毛，鞘翅上有2～4个浅红色或橙黄色的彩色斑纹，每个鞘翅的基部和两侧都各有一个卵圆形的斑纹，两侧平行，行纹略宽于行间；腿节呈棒状结构。在仓内越冬的成虫就地继续产卵繁殖，仓外越冬的成虫一部分迁入仓内，另一部分飞至大田，把卵产在麦穗上，成虫产卵时，用口吻啮食麦粒，形成卵窝，把卵产在其中，后分泌黏液封口。卵呈长的卵圆形，且一端稍有膨大；卵期7～16d。6月中下旬至7月上中旬幼虫孵化，蛀入粒内，幼虫期约30d，幼虫体长为2.5～4.5mm，整个身体呈乳白色，有壳，且壳呈短的卵形，头部呈淡褐色，头顶区域较宽；内隆脊直，而且两端粗细相等，接近于直线状；唇基侧突并且较小，前端微微发尖；口的上片侧隆线较长，几乎可以延伸到达额区的3～5刚毛间；上唇呈杆棍棒状，中叶突出不明显；无步足，幼虫体腹部肥大，但是腹面平直，背部弯曲，有13节体节，并且每节都有很多横纹。7月中下旬化蛹，蛹长为2.9～3.7mm，在最初化蛹时，虫体呈乳白色，吻下弯贴在胸部下方，头、胸、腹3个部分区分明显，触角和翅以及足均裸出，蛹期7～10d。8月上旬成虫羽化，成虫有假死性，喜光，趋温、趋湿、繁殖力强，雌虫可产卵约500粒，10月上旬气温低于15℃，成虫开始越冬。米象的耐寒力较弱。在5℃下经过21d，就开始死亡。在常温下，米象能自身发热，若繁殖数量多，或冬季气温较高的地区，冬季可不潜伏休眠。米象具有群集、喜潮湿、负趋光等特性，繁殖力较强。生活喜高温，最适温度30～33℃。

3. 防治方法

参考玉米象防治方法。

四、谷蠹

1. 为害特点

谷蠹（*Rhizopertha dominica*）也叫"米长蠹"，分布于南北纬40°以内地区。中国发生在淮河以南地区。食性复杂，吸食禾谷类、粉类、谷类、干果、中药材及竹木器材等均能为害，以稻谷、小麦、面粉最严重。此虫在取食谷粒时大量咬碎颗粒，使储粮遭受更多的损失。小麦受谷蠹蛀蚀后，随着谷蠹在小麦籽粒内部生长发育到成虫期时，面团的揉混特性变化明显，面团的耐受力减弱、面筋筋力、弹性变差。其幼虫在蛀食为害过程中，可在粮粒间产生大量白色粉末，严重的可造成被害粮粒被蛀成空壳，产生大量的粉末降低了粮堆的透气性和空隙度，引起粮食发热、霉变、结块，以及熏蒸扩散受阻，杀虫效果下降，最终导致粮食完全失去其价值。

2. 发生规律

谷蠹属于鞘翅目长蠹科。在华中地区一年发生2代，在广东可发生4代。以成虫越冬，越冬场所常在发热的粮堆，或当粮温降低时会向粮堆下层转移，蛀入仓底与四周木板内，以仓板和储粮接触处最多。也有潜伏在粮粒之中或飞至野外树皮裂缝中越冬。成虫体长2.3～3mm，长圆筒形，暗赤褐色至暗褐色，略有光泽，头部隐藏于前胸下面与胸部垂直，触角末端三节膨大呈鳃片状；前胸圆筒形，背面有小瘤突。幼虫无足性，体形弯曲，乳白色；头部细小，褐色；胸部肥大，全体疏生淡黄色微毛。越冬成虫于翌年4月开始活动，交尾产卵，至7月间变为第一代成虫，8—9月变为第二代成虫，此时虫害最为严重，以9月为甚。每头雌虫一生平均可产卵200～500粒，每天产卵一般不超过10粒。卵单产或聚产于谷粒裂缝之中，产在粉屑中或谷粒外面的较少，有时也会产于包装物或墙壁缝隙中。卵的孵化率极高，一般能达100%。孵出的幼虫会钻入谷粒取食，直至羽化成为成虫钻出。谷蠹耐干耐热性很强，最适温度为34℃。即使粮食含水量在8%～10%或温度在38～40℃，也能发育繁殖。但对低温抵抗较差，在0.6℃以下，最多只能存活7d。

3. 防治方法

（1）农业防治。注意粮仓清洁卫生。

（2）物理防治。利用此虫不耐低温的特点，采用冷冻杀虫。冬季把库温降至0.6℃以下，持续7d以上，也可将虫粮在仓外薄摊后冷冻。也可以采用高温杀灭，把粮库内温度升到55℃，即可杀死该虫。

（3）药剂防治。可用25g/L溴氰菊酯乳油30mL/1 000kg原粮喷雾或拌糠。农户或小型粮库也可使用粮食防虫包装袋。

第八章 小麦草害及防治

第一节 禾本科杂草

一、稗草

（一）特征特性

稗草 ［*Echinochloa crusgalli*（L.）Beauv.］，别名稗子、扁扁草、水田草、野稗等，属一年生禾本科植物。秆丛生，直立或基部膝曲，株高40～130cm。叶条形，中脉灰白色，无毛；叶鞘松弛光滑，下部者长于节间，上部者短于节间，无叶舌、叶耳。圆锥形总状花序，直立而粗壮，主轴具棱，常具斜上或贴生分支，分支长6～20cm；小穗包含两小花；第一小花多为无性花，其外稃顶端具长0.5～3cm的芒，或有时无芒；第二小花为两性，外稃厚于第一外稃，成熟呈革质，顶端具小尖头，粗糙，边缘卷起外稃。第一颖三角形，长约为小穗的1/3，具3脉或5脉；第二颖有长尖头，具5脉，与第一小花的外稃近等长。颖果为椭圆形，长约3mm，黄褐色。幼苗第一片真叶带状披针形，有15条在放大镜下可见的直出平行脉，叶片与叶鞘无明显分界，无叶耳和叶舌；第二片真叶与第一片相似。

（二）发生规律

稗草种子萌发的温度范围为13～45℃，最适温度为25～35℃，10℃以下和45℃以上不能发芽。适宜的土壤深度为1～2cm，稗籽在8cm以上的土深不发芽，存在于湿润土壤深层的籽实可存活10年以上。稗草对土壤湿度要求不高，耐湿能力强，旱作土层中出苗深度为0～9cm。稗草的发生期早晚不一，但基本都在晚春，北方地区麦田中一般4月下旬开始出苗，7月上旬抽穗开花，8月初果实逐渐成熟，生育期76～130d。

156

稗草有极强的生命力和繁殖力，种子具有多种传播途径，植株结籽量较多；在前期和中期，地上部分被割去之后，也可萌发出新蘖，很小的植株也能抽穗结实。种子成熟时间不一致，成熟后逐次自然脱落，可随风力和流水传播，也可混入小麦种子中，通过麦种的调运传播出去。

二、白茅

（一）特征特性

白茅［*Imperata cylindricl*（L.）Beauv.］，别名茅草、茅针、茅根、甜根草、红茅公等，属一年生禾本科植物。根茎长且密生鳞片。茎呈匍匐根状，粗壮，有甜味，秆直立丛生，高20～80cm，具2～3节。叶鞘聚集于秆基，质地较厚，长于节间，老后破碎呈纤维状。叶片线形或线状披针形，长5～60cm，通常内卷；叶舌膜质，长约1mm；叶背面及边缘粗糙，主脉突出，基部粗大质硬。圆锥花序呈狭窄紧缩圆柱状，长5～20cm，宽1.5～3cm，分支缩短而密集；小穗披针形或矩圆形，孪生，长3～5mm，包含两朵小花，第一小花不结实，小穗基部有长为小穗3～4倍的柔毛。第一颖较狭，有3～4脉，第二颖宽于第一颖，有4～6脉。第一外稃卵形，长1.5～2mm，先端钝，有丝状纤毛，无内稃；第二外稃披针形，长1.2～1.5mm，先端尖，内外稃等长。雄蕊2枚，花药长3～4mm，黄色；具2柱头，长约4mm，羽状，紫黑色。颖果椭圆形，长约1mm，基部密生白色丝状柔毛。幼苗第一片真叶线状或披针状，中脉明显，边缘粗糙。叶舌膜质。

（二）发生规律

白茅多以根状茎和种子繁殖，4月上旬发芽，后生子叶，4—5月抽穗开花，秋季果实成熟。白茅抗逆性和繁殖力强，根茎呈匍匐状迅速蔓延。种子较小，成熟后随风飞散各处，落地后可发芽。

三、早熟禾

（一）特征特性

早熟禾（*Poa annua* L.），别名小青草、小鸡草、冷草、稍草、绒球草，属一年生或冬性禾草植物。秆直立或基部稍倾斜，细弱丛生，株高8～30cm，具2～3节。叶鞘质软，稍压扁，常自中部以下闭合，平滑无毛；叶舌薄膜质，圆头形，长1～2mm，叶片柔软，扁平或对折，长2～12cm，宽2～5mm，常有横脉纹，顶端急尖呈船形，边缘微粗。圆锥花序开展，呈宽卵形，每节有1~3分支，分支光滑；小穗绿色，卵形，有3~5小花，花药黄色。颖有宽膜质边缘，质薄，顶端钝，第一颖长1.5~2mm，具1脉，第二颖长2~3mm，具3脉；外稃椭圆形，边缘及顶端宽膜质，具5脉，脊及边缘中部以下有长柔毛，基盘无绵毛；内稃与外稃等长或稍短于外稃，脊上有长而密的丝状毛。颖果深黄褐色，呈纺锤形，具三棱，长约1.5mm。幼苗第一片真叶带状披针形，先端锐尖，具3条直出平行脉，叶片与叶鞘间有1叶舌，呈三角形，膜质。

（二）发生规律

早熟禾喜光，耐阴性和耐旱性强，耐贫瘠，抗热性和耐水湿性差。种子繁殖，种子数量大，小而轻，易于传播，花期一般为4—5月，6—7月果实成熟。种子休眠期为1—2月。

四、野燕麦

（一）特征特性

野燕麦（Avena fatua L.），别名铃铛麦、燕麦草、香麦、乌麦、马麦等，属一年生或越年生草本植物。须根坚韧，秆直立，光滑，丛生或单生，株高50~150cm，具2~4节。叶鞘松弛，叶舌透明膜质，长1~5mm，叶片表面及边缘疏生柔毛，呈宽条形。圆锥花序开展，呈塔形，分支粗糙，具棱；小穗长18~25mm，具2~3小花，柄弯曲下垂，顶端膨胀，小穗轴节间密生淡棕色或白色硬毛，颖卵状或长圆状，两颖等长，草质，边缘白色膜质，具9脉；外稃质地坚硬，具5脉，下部散生硬毛，内稃与外稃近等长，有芒从稃体中部稍下处伸出，长2~4cm，膝曲并扭转。颖果长6~8mm，被淡棕色茸毛，腹面有纵沟。幼苗第一片真叶带状，具11条平行脉，叶鞘略紫红，叶舌光滑无毛，先端齿裂，无叶耳。

（二）发生规律

野燕麦种子发芽与本身的休眠特性、外界温度、土壤湿度及在土壤中分布的深浅有关。种子萌发温度为2~30℃，最适温度是10~20℃，适宜土壤深度为3~7cm，最适土壤含水量为17%~20%，并需从中吸收水分达到种子量的70%才能发芽，若土壤含水量在15%以下或50%以上均不利于萌发，由于种子具有"再休眠"特性，故第一年在田间的发芽率一般不超过50%，其余在以后的3~4年中陆续出土。野燕麦种子繁殖力强，分蘖多，结籽多。一般春、秋季出苗，4月抽穗，5月成熟。野燕麦一般与小麦共生，与农作物争水肥、争光照、争生长空间，并传播农作物病、虫、草害，为害严重。

五、节节麦

（一）特征特性

节节麦（*Aegilops tauschii* Coss.），别名粗山羊草，属一年生草本植物。须根细弱，秆基部弯曲，丛生，株高20~40cm，抽穗后株高90~125cm，高于小麦。叶鞘紧密包茎部，平滑无毛或边缘疏生柔毛；叶舌透明膜质，叶片狭窄，腹面有柔毛，较粗糙。穗状花序，圆柱形，长10~12mm，含多个小穗，每小穗2~5粒种子。颖革质，一般具7~9脉，外稃先端略平，具长为0.5~4mm的芒，具5脉，脉仅在先端处明显。第一外稃长约7mm，内稃与外稃近等长，黏着紧密，脊上有柔毛。颖果长椭圆形，暗黄褐色，表面乌暗无光泽，成熟后外壳深褐色，皮厚质硬，先端具密毛，近两侧缘各有一细纵沟。

（二）发生规律

节节麦在冬小麦田主要以幼苗越冬，也可以种子越冬。出苗期较长。在冬小麦田出苗有2个时期，一个是秋季出苗期，主要在小麦播种之后15~20d，于10月下旬至11月中旬，形成冬前出苗高峰，此期间出苗数约占总数的70%；另一个是春季出苗期，即在翌年2月下旬至3月，仍有部分出苗。秋季出苗的节节麦冬前产生分蘖，一般分蘖3~4个，多者10个以上，翌年春季气温回升后，还可继续分蘖。节节麦分蘖和繁殖能力强，易传播，与小麦共生，前期不易区分。

六、雀麦

（一）特征特性

雀麦（*Bromus japonicus* Thunb. ex Murr.），别名罗罗草、火燕麦、浆麦草、野子麦，属一年或二年生草本植物。秆直立，丛生，株高30~100cm。叶鞘闭合，紧密贴生于秆，被白色柔毛；叶舌膜质，长1.5~2mm，先端近圆形，具不规则的裂齿；叶片长12~30cm，宽4~8cm，两面被毛或背面无毛。圆锥花序开展，向下弯垂，长约30cm，具2~8分支；小穗黄绿色，长圆状披针形，向上变窄，长12~20mm，宽约5mm，有7~14小花；颖披针形，边缘膜质，第一颖长5~6mm，有3~5脉，第二颖通常与第一颖等长，具7~9脉；外稃椭圆形，边缘膜质，具7~9脉，顶端有2个微小齿裂，其下约2mm处生5~10mm长的芒，芒自先端下部伸出，基部稍扁平，成熟后外弯；内稃短于外稃，脊上疏生细纤毛，子房先端有毛。颖果长椭圆形，暗红褐色，长6~8mm，有茸毛，压扁，腹面有沟槽，成熟后紧贴于外稃。幼苗细弱，胚芽鞘长1.2~1.8mm，第一片叶达正常大小时大多皱缩死亡。

（二）发生规律

雀麦种子繁殖，种子萌发最低温度为3℃，最适土层深度为3cm。分蘖力、繁殖力和再生能力强。种子经夏季休眠后一般10月出苗，以幼苗越冬，冬前和冬后都可分蘖，3月下旬拔节，4—5月抽穗开花，5—7月颖果成熟。雀麦整个生育期略短于小麦，约120d。

七、狗牙根

（一）特征特性

狗牙根［Cynodon dactylon（L.）Pers.］，别名绊根草、爬根草、百慕大草等，属多年生草本植物。茎呈根状或匍匐状，须根细且坚韧；匍匐茎平铺于地面或者埋入土中，长10~110cm，光滑无毛，节处向下生根，株高为10~30cm。叶鞘微具脊，鞘口常具柔毛。叶舌短，仅为一轮纤毛；叶片平展，互生，呈条形，长3.8~8cm，边缘有细齿，通常两面无毛。穗状花序，3~6枚呈指状簇生于茎端，小穗灰绿色或带紫色，排列于穗轴一侧，长2~2.5mm；通常有1朵小花，淡紫色，柱头紫红。颖中脉出有背脊，具膜质边缘，和第二颖等长或稍长。外稃具3脉，革质，有毛；内稃与外稃近等长，具2脊。颖果长圆柱形，淡棕色，长1mm左右，顶端具宿存花柱，无毛。幼苗第一片真叶带状，边缘具极细刺状齿，具5条直出平行脉。第二片真叶线状或披针形，具9条直出平行脉。

（二）发生规律

狗牙根种子少且细小，主要以匍匐茎繁殖，根茎蔓延力强，广铺地面。喜光不耐阴，喜湿较耐旱，对土壤要求较低。一般4月初匍匐茎会长出新芽，4—5月迅速蔓延，交织成网状覆盖地面，6月抽穗开花，10月颖果成熟，随风或水传播。

八、茵草

（一）特征特性

茵草〔*Beckmannia syzigachne*（steud.）Fern.〕，别名水稗子、老头稗、茵米等，属一年生草本植物。秆丛生直立，具2～3节，株高15～90cm。叶鞘无毛，多长于节间；叶片宽条形，叶舌扁平，透明膜质，粗糙或下面平滑，长1.5～3mm。圆锥花序，由长1～5cm贴生或斜生穗状花序组成。小穗扁平，圆形或倒卵圆形，灰绿色，呈覆瓦状排列于穗轴一侧，具小花1朵，脱节于颖之下；颖厚草质或近革质，等长，呈囊状，边缘白色膜质，具3脉和淡绿色横脉纹。外稃披针形，其短尖头伸出颖外，内稃略短于外稃。颖果黄褐色，长圆形，先端具丛生短毛。幼苗第一片真叶带状披针形，具3条平行脉，叶鞘也有3脉，呈紫红色；叶舌白色，膜质。第二片真叶具5条直出平行脉。

（二）发生规律

茵草喜湿，在低洼涝泽地发生较多。麦子播种越早，茵草发生越重，一般在3—4月出苗，4月上旬后陆续抽穗，4月中旬后开花，花期7～10d，5—6月颖果成熟。茵草种子轻，量多，成熟颖果遇风雨或碰撞即大量脱落，麦田收割翻耕后，大量颖果可随灌溉水漂流至水沟边或低畦田块成为冬季的发生源。

九、看麦娘

（一）特征特性

看麦娘（*Alopecurus aequalis* Sobol.），别名牛头猛、山高粱、麦娘娘、棒槌草、道旁谷等，属一年生或多年生草本植物。秆稀疏丛生，光滑，软弱，节部常膝曲，株高15～40cm。叶鞘光滑，疏松抱茎，通常短于节间；叶片近直立，条形，长3～10cm，宽2～6cm；叶舌膜质，长约2mm，先端钝圆。圆锥花序圆柱形，淡绿色或灰绿色，长2～7cm，宽3～6mm，小穗椭圆形或卵状椭圆形，长2～3mm。颖膜质，基部互相联合，具3脉，脊上生纤毛，侧脉下部具短毛；外稃膜质，先端钝，等长或稍长于颖，下部边缘相连合，芒长2～3mm，约于稃体下部1/4处伸出，隐藏或外露，无内稃；花药橙黄色，长0.5～0.8mm。颖果长椭圆形，暗灰色，长约1mm。幼苗第一叶条形，先端钝，长10～15mm，宽0.4～0.6mm，绿色，无毛。第二叶至第三叶条形，先端锐尖，叶舌膜质。

（二）发生规律

看麦娘根系发达，根毛丰富，耐旱、耐湿，具有极强的抗逆性。种子繁殖，繁殖力强，在少光的情况下也不影响开花结实。种子萌发温度范围为5~23℃，最适温度15~20℃；适宜土壤深度为0~2cm。华北地区11月至翌年2月为苗期，4—5月为花果期，5—6月果实成熟期。种子成熟后脱落到田间，通过土壤、土杂肥、麦种、风力和流水等传播。

十、硬草

（一）特征特性

硬草 ［*Sclerochloa dura*（L.）Beauv.］，属一年生或二年生禾本科植物。秆平滑、簇生，直立或基部卧地，株高15~40cm，节较肿胀。叶鞘长于节间，下部闭合，表面平滑无毛，有脊；叶片带状披针形，长5~14cm，宽3~5cm，扁平或略对折；叶舌三角形，膜质，先端截平或具裂齿。圆锥花序密集而紧缩，坚硬而直立，长8~12cm，宽1~3cm，每节有2分支，分支孪生，粗壮而平滑，直立或平展，通常1长1短，前者可达3cm，后者仅具1~2个小穗；小穗轴节间粗壮，有2~7朵小花。颖长卵圆形，第一颖长约1.5mm，具1脉；第二颖长2~3mm，具3~5脉。外稃宽卵形，顶端尖或钝，主脉较粗壮而隆起成脊，具5脉，边缘干膜质；内稃顶端有缺口。颖果纺锤形，长约1.4mm。幼苗第一片真叶带状披针形，具3条直出平行脉，叶舌干膜质，有2~3齿裂，叶鞘亦有3脉。第二片真叶与第一片真叶不同，叶边缘有极细的刺状齿，具9脉，叶鞘下部闭合。

（二）发生规律

硬草种子萌发最适温度为16~18℃，低于1.8℃不萌发，最适土壤深度为0.12~2.4cm。硬草一般在10月下旬出苗，在11月中下旬达出苗高峰，出苗后25~60d开始分蘖，4月抽穗开花，4月下旬至5月，果实成熟，整个生育期长达200~220d，比小麦略短，开花结实期与小麦相当，单株分蘖达10个左右。

十一、棒头草

（一）特征特性

棒头草（*Polypogon fugax* Nees ex Steud.），属一年生草本植物。秆高15~75cm，

丛生，光滑无毛，披散或基部膝曲，具4～5节。叶鞘光滑无毛；叶舌长3～8mm，长圆形，膜质，常2裂或顶端具不整齐的裂齿；叶片扁平，长2.5～15cm，宽3～4mm，微粗糙或下面光滑。圆锥花序穗状，长圆形或卵形，较疏松，具缺刻或有间断；小穗长约2.5mm，灰绿或部分紫色；颖长圆形，近等长，裂口处伸出与小穗几乎等长的芒，芒细直，微粗糙；外稃长约1mm，光滑，先端具微齿，中脉延伸成长约2mm的芒，芒微粗糙且易脱落。颖果椭圆形，长约1mm，有一面扁平。幼苗第一片真叶带状，长约33mm，具3条直出平行脉，先端尖；叶舌裂齿状，没有叶耳。

（二）发生规律

棒头草种子繁殖，以幼苗或者种子越冬，多发生在潮湿地。在长江中下游地区，10月中旬至12月上中旬出苗，翌年2月下旬至3月下旬返青，同时越冬种子萌发出苗，4月上旬出穗、开花，5月下旬至6月上旬颖果成熟，盛夏全株枯死。种子受水泡沤，这有利于解除休眠，因而在稻茬麦田，棒头草的发生量远比大豆等旱茬地多。

十二、牛筋草

（一）特征特性

牛筋草［*Eleusine indica*（L.）Gaertn.］，别名螺摔草、野鸡爪、老驴拽、千千踏等，属一年生草本植物。成株高15～90cm。植株丛生，基部倾斜向四周开展。须根较细而稠密，为深根性，不易整株拔起。叶鞘压扁而具脊，鞘口具柔毛；叶舌短，叶片条形。花序穗状，呈指状排列于秆顶，有时其中1枚或2枚单生于花序的下方；小穗含3～6朵花，成双行密集于穗轴的一侧，颖和稃均无芒，第一颖短于第二颖，第一外稃具3脉，有脊，脊上具狭翅，内稃短于外稃，脊上具小纤毛。颖果长卵形。幼苗淡绿色，无毛或鞘口疏生长柔毛；第一叶短而略宽，长7～8mm，自第二叶渐长，中脉明显。

（二）发生规律

牛筋草种子发芽适宜温度为20～40℃，最适土壤含水量为10%～40%，最适出苗适宜土层深度为0～1cm，埋深3cm以上则不发芽，同时要求有光照条件。在我国中、北部地区，5月初出苗，并很快形成第一次高峰，而后于9月初出现第二次出苗高峰。颖果于7—10月陆续成熟，边成熟边脱落，并随水流、风力和动物传播。种子经冬季休眠后萌发。

第二节 阔叶类杂草

一、播娘蒿

（一）特征特性

播娘蒿［*Descurainia Sophia*（L.）Webb ex Prantl］，别名大蒜芥、米蒿、麦蒿、线香子、眉毛蒿。十字花科，属一年生草本植物。株高20～80cm，全株被灰白色叉状分支毛，毛以下部茎叶为多；茎直立，上部分支多。叶长2～15cm，基生叶为2～3回羽状分裂，末端裂片条形或条状矩圆形，长2～5mm，宽0.8～1.5mm，先端钝；茎下部叶片具柄，上部叶片柄较短或近乎无柄。总状花序顶生，多数具细小的黄色小花，具花柄；萼片4，长圆条形，直立，边缘膜质，先端钝，背面有分叉细柔毛；滑板4片，淡黄色，长圆状倒卵形，与萼片近等长或稍短；雄蕊长于花瓣。长角果线形，长2～3cm，宽约1mm，淡黄绿色，无毛，每室具1行种子。种子细小，黄棕色，椭圆形或长圆形，长约1mm，宽约0.5mm，表面有细网纹，潮湿后有胶状物。幼苗灰绿色，子叶长椭圆形，先端钝，基部渐狭，具柄。初生叶1片，具3～5裂，先端尖，基部楔形，具长柄，几乎与叶片等长。

（二）发生规律

播娘蒿种子繁殖，种子萌发温度范围为3～20℃，最适温度8～15℃，适宜土层深度1～3cm，深于5cm时不出苗。耐盐碱，在盐碱土地麦田常见。在华北地区麦田中多为10月出苗，一般在小麦播后20～25d即可出现出苗高峰，翌年4—6月为花果期。种子比小麦成熟早，结实量大，成熟后极易开裂，散入土壤中。

二、荠菜

（一）特征特性

荠菜［*Capsella bursa pastoris*（L.）Medic.］，别名荠荠菜、扁锅铲菜、地丁菜、地菜、荠、靡草、花花菜、菱角菜、地米菜等。十字花科，属一年生或二年生草本植物。株高10～50cm，茎直立，有分支，全株稍有单毛和星状毛。基生叶丛生，具长5～40mm的叶柄；叶片质脆易碎，灰绿色或橘黄色，呈羽状分裂，长可达12cm，顶生裂片较大，侧生裂片小；茎生叶狭披针形，基部抱茎，边缘具缺刻或锯齿，两面有细毛或无毛。总状花序顶生及腋生，花后显著伸长；花梗长3～8mm；萼片长圆形，具膜质边缘，长1.5～2mm；花瓣白色，矩圆状倒卵形，长2～3mm，具短爪，雄蕊6枚，4强。短角果倒三角形或倒心状三角形，长5～8mm，宽4～7mm，无毛，扁平，先端微凹，裂瓣具网脉，具残存短花柱；花柱长约0.5mm；果梗长5～15mm。种子浅褐色，2行，长约1mm，细小倒卵圆形，着生在假隔膜上。子叶阔椭圆形或阔卵形，具短柄。下胚轴不甚发达，上胚轴不育，初生叶2片，对生，后生叶互生，叶缘锯齿状分裂。除子叶和下胚轴外，幼苗全株被分支毛和星状毛。

（二）发生规律

荠菜喜凉，耐寒，抗旱，可耐-7℃的短期低温，对炎热反应敏感。种子繁殖，种子萌发适温15～25℃。生长周期短，叶片柔嫩，需要充足的水分，适于生长在较湿润的环境。黄河、长江流域大多在秋天出苗，幼苗越冬，早春返青后陆续抽薹开花，初夏成熟落粒。东北地区5月上中旬发芽出苗，7月种子成熟。部分种子8—9月可再出苗，幼苗越冬，翌春开花结籽。

三、苣荬菜

（一）特征特性

苣荬菜（*Sonchus arvensis* L.），别名曲荬菜、甜苣菜、败酱菜、曲曲芽、曲麻菜等，属菊科多年生草本植物，全株有乳汁。具地下匍匐根状茎，株高30～90cm，地上茎直立，具条纹，茎下部光滑，上部分支或不分支，绿色或略紫红色，有脱落性白色绵毛。基部叶丛生，有叶柄，茎生叶互生，无叶柄，基部抱茎；叶片披针形或长圆状披针形，长8～20cm，先端钝，两面无毛，边缘有稀疏缺刻或浅羽状裂，缺刻和裂片上都具尖齿，幼时常带紫红色。头状花序顶生，单一或呈伞房状，总苞钟形，花梗与总苞均被白色绵毛。花呈舌状，鲜黄色，花药合生，雌蕊1枚，雄蕊5枚。

瘦果长2～3mm，长椭圆形，淡褐色至黄褐色，侧扁，有棱，具数纵肋，有白色易脱落冠毛。幼苗子叶阔卵形，先端微凹，具短柄，上下胚轴发达，光滑无毛，紫红色。初生叶1片，阔卵形，具长柄，叶缘有疏细齿，无毛。第一后生叶与初生叶相似，第二至第三后生叶倒卵形，具长柄，叶缘具刺状齿，叶两面密生串珠毛。

（二）发生规律

苣荬菜通过根茎和种子繁殖，根茎分布在5～20cm的土层中，易脆易断，断体在土壤中都能长成新的植株。北方4—5月出苗，6—10月为花果期，种子在7月逐渐成熟飞散，于秋季或翌年春季萌发，翌年抽茎开花。

四、打碗花

（一）特征特性

打碗花（*Calystegia hederacea* Wall ex Roxb.），别名燕覆子、兔耳草、富苗秧、傅斯劳草、兔儿苗、扶七秧子、小旋花、野牵牛等，属多年生藤生草本植物。全体光滑无毛，长8～40cm。具地下横走根茎，质脆易断。茎蔓状，多自基部分支，缠绕或平卧，具细棱。叶互生，三角形或戟形，具长柄；基部叶片长圆状心形，全缘，茎中、上部叶片三角状戟形；中裂片长圆形或长圆状披针形，侧裂片全缘或2裂。花单生于叶腋，花梗长于叶柄；苞片2枚，卵圆形，包住花萼；萼片5枚，长圆形，宿存；花冠粉红色，喉部近白色，漏斗状，口近圆形微呈五角星。蒴果卵圆形，光滑；种子倒卵形，黑褐色，长约4mm。幼苗粗壮，光滑；子叶近方形，先端微凹，基部近戟形，具长柄；初生叶1片，宽卵形，先端钝圆，具几乎与叶片等长的叶柄。

（二）发生规律

以地下茎和种子繁殖，田间以无性繁殖为主。耐干旱贫瘠，适于生长在湿润肥沃的土壤中。在我国华北地区，出苗一般在4—5月，花期7—9月，果期8—10月；在长江流域地区，3—4月出苗，5—7月为花果期。

五、婆婆纳

（一）特征特性

婆婆纳（*Veronica didyma* Tenore），别名卵子草、双肾草、桑肾子、双铜锤、石补钉等，属玄参科1～2年生草本植物。株高10～25cm，茎铺散多分支，纤细，被白色长柔毛。叶片长5～10mm，心形至卵形，先端钝，边缘有2～4个钝锯齿，两面被白柔毛。总状花序顶生，苞片与茎叶同型，互生；花梗略短于苞片，花萼4深裂，裂片卵形，顶端尖，被毛；花冠颜色多样，一般淡紫色、蓝色或粉色，直径4～8mm，筒部短，具4裂片，具深红色脉纹；雄蕊短于花冠。蒴果近肾形，稍扁，密被柔毛，宽大于长，中部有纵沟，凹口呈直角。种子卵形，背面具横纹，淡黄色至黄褐色，长1~2mm。子叶宽卵形，先端钝，基部渐狭；上胚轴被横出直生毛，下胚轴发达，略带紫色。初生叶2片，卵状三角形，叶片和柄被白色柔毛。

（二）发生规律

以种子繁殖，种子萌发适温8~15℃，适宜土层深度为1~3cm。一般9—10月出苗，早春极少发生。3—5月为花期，种子于4月渐次成熟，经3~4个月休眠后萌发。

六、藜

（一）特征特性

藜（*Chenopodium album* L.），别名灰菜、灰条菜、落藜，属藜科一年生草本植物。成株株高30~120cm，茎直立粗壮，有棱和绿色或紫红色纵条纹，多分支，上升或开展。叶互生，具长柄；基部叶片较大，菱状三角形，具不规则浅齿，下面生灰绿色粉粒，基部宽楔形；上部叶片披针形，全缘或有微齿，叶两面均有灰绿色粉粒。圆锥状花序，有多数花簇密集或间断而疏散的聚合而成，花簇团伞状；花两性，小，花被黄绿色或绿色，被片5枚，宽卵形或椭圆形，边缘膜质，具纵隆脊，先端微凹。

胞果完全包于花被内或顶端稍露；种子双凸镜形，深褐色或黑色，光滑有光泽。幼苗灰绿色，子叶披针形，肉质，先端钝，具柄，背面有银白色粉粒。上下胚轴发达，紫红色。初生叶2片，长卵圆形，对生，先端钝，叶缘微波状，主脉明显，两面布满粉粒。

（二）发生规律

藜种子繁殖，种子发芽的最低温度为5℃，最适温度为15~25℃，最高温度40℃，适宜出苗深度在4cm以内。在华北与东北地区，3—5月出苗，6—10月开花、结果，随后果实渐次成熟，种子落地或借外力传播。

七、灰绿藜

（一）特征特性

灰绿藜（*Chenopodium glaucum* L.），别名翻白藜、小灰菜、山芥菜、山根龙、山菘菠、黄瓜菜等，属藜科一年生草本植物。株高10~50cm，茎通常由基部分支，平卧或者斜生，有沟槽和绿色或紫红色条纹。叶互生，具短叶柄；叶片厚，肉质，椭圆状卵形至卵状披针形，叶缘具波状齿，顶端尖，表面绿色，背面被灰白色粉粒，中脉明显。花序穗状，顶生或腋生；花被裂片常为3～4片，肥厚，淡绿色，基部合生。胞果伸出花被片，黄白色，果皮较薄。种子扁圆形，横生、斜生或直立，直径0.5～0.7mm，暗褐色或黑色。子叶2片，紫红色，肉质，具短柄，初生叶2片，呈三角状卵形，先端圆，基部戟形，叶柄与叶片近等长，叶片下有白粉。胚轴较发达，下胚轴紫红色，后生叶叶缘有稀疏锯齿。

（二）发生规律

种子繁殖，发芽温度范围为5～40℃，一般每年4—5月出苗，6—9月开花，8—10月果实成熟。喜轻盐碱地，田边、路边和荒地多有。

八、小飞蓬

（一）特征特性

小飞蓬〔*Conyza canadensis*（L.）Cronq.〕，别名小蓬草、加拿大飞蓬、飞蓬、小飞莲、小白酒菊等，属菊科一年生或二年生草本植物。茎直立，株高40～100cm，有细条纹或脱落性疏长毛，上部多分支。叶密集，基部叶近匙形，在花期时常枯萎；上部叶线状或披针状，顶端尖，基部逐渐狭窄变成叶柄，全缘或边缘具疏齿，两面或仅上面被疏短毛，边缘常被上弯的硬缘毛。头状花序多数，较小，直径约4mm，有短梗，密集呈圆锥状或伞房圆锥状；花苞片2～3层，线状或披针状，淡绿色，顶端渐尖，外层约短于内层的一半，背面被疏毛，内层长3～3.5mm，宽约0.3mm，边缘干膜质，无毛；缘花雌性，花舌状，直立，白色或略带紫色，较小；盘花两性，淡黄色，花冠管状，上端具4个或5个齿裂。

瘦果线状披针形，长1.2～1.5mm，稍扁压，被贴微毛；冠毛污白色，1层，糙毛状，长2.5～3mm。幼苗子叶对生，椭圆形或卵圆形，光滑，长3～4mm，宽1.5～2mm，基部渐狭成叶柄。下胚轴不发达，上胚轴不育。初生叶1片，近圆形，先端有小尖头，全缘，密被短柔毛。第二片叶矩圆形，叶缘具2个小尖齿。

（二）发生规律

小飞蓬以种子繁殖，以幼苗和种子越冬，夏、秋季发生严重，花果期为7—10月。

九、鳢肠

（一）特征特性

鳢肠（*Eclipta prostrata* L.），别名旱莲草、墨旱莲、墨草、还魂草，属一年生草本植物，高15～60cm。茎下部伏卧，节着土易生根。自基部或上部分支，绿色或红褐色，被糙毛。茎、叶折断后有墨水样汁液。叶对生，被粗毛，无柄或基部叶有柄；叶片长披针形、椭圆状披针形或条状披针形，全缘或略有细齿。头状花序，腋生或顶生；总苞片2轮，5～6片，有毛，宿存；托叶披针形或刚毛状；外围花白色，舌状，全缘或2裂；中央花两性，淡黄色，管状，具4裂。

由舌状花发育的瘦果三棱形，较狭窄；由管状花发育的瘦果四棱形，表面都有瘤状突起，无冠毛。幼苗子叶椭圆形，光滑无毛，全缘，先端钝，具1条主脉和2条边脉。上下胚轴都较发达，密被倒生糙毛。2片初生叶，对生，全缘或具疏细齿，三出脉，具长柄。

（二）发生规律

鳢肠种子繁殖，繁殖能力强，种子经越冬休眠后萌发，萌发的适宜温度为20～35℃。鳢肠喜湿耐旱，抗盐耐瘠和耐阴。在长江流域，鳢肠5—6月出苗，7—10月开花、结果，8月果实渐次成熟。

十、小蓟

（一）特征特性

小蓟 [*Cirsium setosum* （Willd.）MB.]，别名刺儿菜、刺刺芽、刺蓟花等，属多年生草本植物。下有深扎直根，并具有水平生长产生不定芽的根状茎。茎直立，成株高20～50cm，幼茎被白色蛛丝状毛，有棱。叶互生，无柄，缘具刺状齿，基生叶叶片较大，并早落；下部和中部叶椭圆状披针形，两面被疏密不等的白色蛛丝状毛，幼叶尤为明显，中、上部叶有时羽状浅裂。雌雄异株，头状花序单生于茎顶，花单性；雄花序较小，总苞长约18mm，花冠长17～20mm；雌花序较大，总苞长约23mm，花冠长约26mm；总苞钟形，苞片多层，外层甚短，先端均有刺；花冠筒状，淡粉色或紫红色。

瘦果长椭圆形或长卵形，略扁，表面浅黄色至褐色，羽状冠毛污白色。幼苗子叶阔椭圆形，基部楔形，全缘，上胚轴不育，下胚轴极发达。初生叶1片，缘齿裂，具齿状刺毛。

（二）发生规律

小蓟以根芽繁殖为主，种子繁殖为辅。根芽在生长季节内随时都可萌发，而且地上部分被除掉或根茎被切断，则能再生新株。小蓟在我国中北部地区，最早可于3—4月出苗，5—9月开花结果，6—10月果实渐次成熟，种子借风力飞散。实生苗当年只进行营养生长，翌年才能抽茎开花。

十一、牛繁缕

（一）特征特性

牛繁缕（*Malachium aquaticum* L.），别名鹅儿肠、鹅肠菜等，属一年生至二年生或多年生草本植物。全株光滑，仅花序上有白色短软毛。株高30~80cm，茎多分支，柔弱，下部常伏生地面，上部斜立。叶对生，卵形或宽卵形，长2~5.5cm，宽1~3cm，先端渐尖，基部心形，全缘或稍呈波状，上部叶无柄，基部略包茎，下部叶有柄。聚伞花序顶生，花梗细长，有毛，花后下垂；萼片5片，宿存，果期增大，外面有短柔毛；花瓣5片，白色，顶端2深裂达基部；雄蕊10枚，比花瓣短；花柱5枚，丝状。

蒴果卵形，具5瓣裂，每瓣顶端再2裂；种子褐色，肾形，表面有小瘤状突起。幼苗子叶出土，卵形，全缘，先端锐尖，具长柄。上、下胚轴略带紫色，均较发达。2片初生叶对生，阔卵形，先端突尖，叶基近圆，叶柄有疏生长柔毛；后生叶与初生叶相似。

（二）发生规律

在稻麦轮作田块常发生较重，地势低洼田块发生量更大，以种子繁殖为主，在我国各地均有分布，但以长江中下游地区最多。以种子繁殖为主，种子萌发温度范围为5~25℃，最适温度15~20℃，最适土层深度0~3cm，种子具2~3个月原生休眠期。一般在9—11月萌发出土，少量在早春发生，花期为4—5月，果期5—6月。

十二、猪殃殃

（一）特征特性

猪殃殃（*Galium aparine* L.），别名拉拉藤、爬拉殃、八仙草、细叶茜草、活血草、小禾镰草、锯锯藤、小锯子草等，属一年生或二年生蔓状或攀缘状草本植物。茎多自基部分支，4棱形，株高30~90cm；棱上、叶缘、叶背中脉上均有倒生的细小刺毛。叶纸质或近膜质，6~8片轮生，稀为4~5片，带状倒披针形或长圆状倒披针形，长1~5.5cm，宽1~7mm，顶端有针状凸花尖头，基部渐狭，两面常有紧贴的刺状毛，常萎软状，干时常卷缩，具1脉，近无柄。聚伞花序腋生或顶生，由3~10朵小花组成，具纤细的花梗；花萼被钩毛，萼檐近截平；花冠黄绿色或白色，辐射状，裂片长圆形，长不及1mm，镊合状排列；子房被毛，花柱2裂至中部，柱头头状。

果圆形，干燥，坚硬肿胀，两个联生在一起，每个直径达5.5mm，密被钩毛，果柄直，长可达2.5cm，较粗，每一只有1颗平凸的种子。幼苗子叶阔卵形，先端微凹，具长柄。上胚轴四棱形，并有刺状毛，下胚轴发达，均带红色。初生叶4片轮生，阔卵形，后生叶与初生叶相似。

（二）发生规律

猪殃殃以种子繁殖，以幼苗或种子越冬。种子萌发温度范围为2~25℃，最适温度11~20℃，最适土层深度0~6cm，籽实具约3个月原生休眠期。一般于冬前9—10月出苗，亦可在早春出苗，花期3—7月，果期4—11月。

十三、鹅绒藤

（一）特征特性

鹅绒藤（*Cynanchum chinense* R. Br.），别名羊奶角、牛皮消、软毛牛皮消、祖马花、趋姐姐，属多年生草本植物。子叶长圆形，具短柄。初生叶三角状卵形，先端锐尖。胚轴发达，紫红色。缠绕草本；主根圆柱状，长约20cm，直径约5mm，干后灰黄色；全株被短柔毛。叶对生，薄纸质，宽三角状心形，长4~9cm，宽4~7cm，顶端锐尖，基部心形，叶面深绿色，叶背苍白色，两面均被短柔毛，脉上较密；侧脉约10对，在叶背略为隆起。伞形聚伞花序腋生，两歧着花约20朵；花萼外面被柔毛；花冠白色，裂片长圆状披针形；副花冠二形，杯状，上端裂成10个丝状体，分为两轮，外轮约与花冠裂片等长，内轮略短；花粉块每室1个，下垂；花柱头略为突起，顶端2裂。蓇葖双生或仅有1个发育，细圆柱状，向端部渐尖，长11cm，直径5mm；种子长圆形；种毛白色绢质。

（二）发生规律

花期6—8月，果期8—10月。根芽春季萌发，实生苗秋季出土。田间、荒地、路旁或向阳山坡的灌木丛中及河岸多见。

十四、麦瓶草

（一）特征特性

麦瓶草（*Silene conoidea* L.），别名瓶罐花、净瓶、香炉草、米瓦罐、瓢咀、甜甜菜、红不英菜、胡炳菜、麦黄菜、麦石榴、油瓶菜、羊蹄棵、梅花瓶、面条菜、广皮菜、灯笼草、灯笼泡等，属一年生或越年生草本植物。株高20～60cm，主根圆柱细长；茎直立，节明显而膨大，叉状分支，全株被腺毛。基生叶匙形；茎生叶对生，椭圆披针形，长5～8cm，宽5～10mm，先端钝尖，基部渐窄，全缘。花两性；1～3朵成顶生及腋生聚伞花序，花梗细长；花萼宿存，长锥形，上端窄缩，下部膨大，有30条明显细脉，先端5齿裂；花瓣5片，粉红色，三角倒卵形，长于萼，喉部有2鳞片；雄蕊10枚；子房上位，花柱3枚，细长。

蒴果卵形，3～6齿裂或瓣裂，包围于长锥形宿萼中。种子肾形，有成行的瘤状突起，以种脐为圆心，整齐排列成数层半环状。幼苗子叶卵状披针形，叶柄极短，先端锐尖，无毛，略抱茎；上胚轴不发育，下胚轴明显，呈绿色。2片初生叶对生，边缘具长睫毛，叶基下延至柄。后生叶与初生叶相似。

（二）发生规律

麦瓶草以种子繁殖，以幼苗或种子越冬。土壤湿度对麦瓶草出苗影响较大，一般土壤湿度大的麦田出苗早，尤其浅播压水地块出苗早而且整齐。在鲁西南小麦多于10月上旬播种，条件适宜，麦瓶草即可出苗，并随之越冬，翌年2月下旬开始迅速生长，4月中旬进入始花期，下旬为盛花期，花期较短，至5月上旬结束，种子于5月下旬陆续成熟，蒴果开裂，落于地表越夏，也可随小麦收割混入小麦种子、秸秆等，种子具3～4个月休眠期，小麦播种后又开始出苗为害。

第三节　田间杂草综合防除

小麦生长发育过程中，经常会发生多种草害。麦田杂草大量生长，与小麦争夺水分、养分和光能等，影响光合作用，干扰作物生长，降低小麦的产量和质量，同时还是小麦病害、虫害的中间寄主，一般造成减产可达10%~30%。小麦田杂草种类很多，各种杂草都有独特的生物学特性，且这些杂草又受小麦耕作制度和栽培措施以及环境条件的影响，致使每种杂草的发生、消长规律都是不同的，种植大面积的小麦，单靠人工防除杂草不仅费工费时而且效果较差。通常人类利用农业、生物、物理、化学等多种方法试图控制杂草，减少杂草所造成的为害，从而达到作物增产增收的目的。通常采用的杂草防除方法有农业防除、物理防除、生物防除和化学防除。

一、农业防除

农业防除指通过采取农田耕作和其他人工方法达到消灭杂草的农艺技术措施。杂草的农业防除是通过合理安排农艺措施，改变草地生态环境，以便抑制杂草的发育或发生，从而达到降低或防止杂草为害的目的，它是一种应用最早的除草方法。小麦田杂草的农业防除，主要包括以下几个方面的内容。

（一）防止杂草进入田间

1. 清选种子源

通过建立杂草种子检疫制度将一些地区性杂草或恶性杂草如野燕麦等列为杂草检疫对象，并采取措施控制和消灭在感染区内，严防向非感染区传播蔓延。调运农产品和各种种子，及其包装、运输工具，都要经过严格检疫，严禁混进检疫性杂草种子。

2. 精选种子和播种材料

清除播种材料中混杂的杂草种子，同时对播种材料去杂、去劣和进行一定的分级。作物生长型的不同可对杂草种类组成产生影响。在杂草治理中必须考虑作物品种的特征，首先选择适应当地生产条件的良种，从而保证小麦出苗整齐、健壮、生长一致，有利于作物在田间占领优势，对杂草产生抑制作用。

3. 腐熟肥料，合理施肥

许多杂草种子随草料进入家畜消化道后仍保持发芽力，有时还能提高发芽率，因此，农田施用的厩肥或堆肥，必须充分腐熟。施用充分腐熟粪肥或堆肥，既可预防杂草种子传播蔓延，又能提高土壤肥力。另外，利用混有杂草种子的农副产品作饲料，最好经过粉碎或蒸煮。另外，施肥量大时多年生杂草的竞争优势大于一年生杂草，例如在高氮（每公顷376kg和752kg）下多年生杂草稗草数量多，低氮（每公顷188kg）下一年生杂草狗尾草和马唐数量多，因此要根据杂草种类合理施肥，控制杂草数量。

4.清除杂草源

铲除田边杂草以及在杂草开花前消除田间杂草，截断一部分杂草的种子来源，可以大大减少田间杂草种子库的基数，控制杂草种群的发展；有些杂草种子如稗草、狗尾草和马唐等种子小而轻，并带有油质，散落在灌溉渠道中，随水会漂浮蔓延；有些田间拔除的杂草被抛在渠道里或渠边，草籽落入渠中，一旦放水灌溉，大量草籽将流入田间而造成为害。因此，利用和管好水源，在渠道中设置收集网可清除水中杂草种子，消灭多种杂草，都对防止杂草进入麦田有一定的作用。

（二）合理安排种植制度

对于草害发生严重的草田块，各地可结合当地实际情况，应采用合理轮作，实行麦油轮作、麦菜轮作、麦豆轮作等种植模式，合理安排茬口布局，是减轻麦田草害行之有效的措施。在南方麦区要利用油菜，还有一些上年麦茬杂草严重为害的地区，可以改种油菜、绿肥或蔬菜，有的地区还可以实行麦菜、麦油、麦豆轮作，以压缩重草田面积，通过轮作方式可使麦茬重草田的杂草得到有效抑制。在通过改种蔬菜、油菜、绿肥或豆类以后，可以大大降低杂草的发生和为害率。

（三）完善耕作条件

播种前，进行深翻土壤，将杂草种子翻埋到地下，减少杂草出土量。把好秋播播种关。实践证明，许多草种子是通过混杂在麦种内传播和蔓延开来的，甚至可以混杂在麦种内进行杂草种子的远距离传播，因此在秋播麦种前，必须精选麦种，清除混入麦种内的杂草种子，减少其发生与为害，防止新的恶性杂草扩散蔓延。播种时选用优良种子，去除种子携带的草籽。

（四）运用合理耕作制度

合理的土壤耕作，不仅可以改善耕层的理化特性，为农作物生育创造良好的土壤条件，而且各种土壤耕作措施，都能直接消灭杂草幼苗、植株或地下繁殖器官，破坏杂草的侵染循环系统，改变杂草种子在耕层中的垂直分布状况，诱导或打破土中杂草种子的休眠，从而影响杂草种子在下茬或翌年的发生种类和数量。因此，合理运用土壤耕作措施，可以发挥很大的除草效果。常用的土壤耕作除草措施有以下几个方面。

1.早期整地诱发杂草及除草

播种前将小麦田表层土壤松动，改善表土墒情，促进表土杂草早期萌发，起到诱发杂草、松土、保水的作用，便于提高播前除草效果。随后用中耕机或耙，全面耕耙表土，用以消灭早期萌发出土的杂草幼苗。通过耙地、耕地让已经出苗的杂草脱离土壤，从而致使杂草无法通过根部吸收养分最终死亡，可以有效地降低杂草株数，直接消灭杂草幼苗。

2. 苗期耙草

在播种以后，小麦出苗以前或出苗初期，选择伤苗率最低时期，用轻型钉齿耙耙地，可以杀伤大部分播后萌发或出苗的杂草。一般耙苗的行走方向，应与播种行向垂直，或呈一定交角，绝对不能与播种行向平行，耙深应小于播种深度，以免伤苗率过高。

3. 中耕除草

中耕是防除宽行距作物田间杂草的一项重要措施。中耕可降低一年生和二年生杂草与作物的竞争能力，抑制其开花、结籽。对多年生杂草，中耕可阻止其地上部分生长、抑制光合作用积累有机营养并使其在多次萌芽中迅速耗尽地下器官的养分。在中耕作物生育期间，适时进行多次中耕，不仅可以铲除株行间的多种杂草，而且由于中耕改善了土壤条件，同时把0～10cm土层中杂草种子翻上来，让其发芽出土。这样便可大量消耗耕层土壤中的杂草种子，逐步降低杂草发生基数，减轻后茬杂草为害。生育后期的中耕结合适当的培土，对防除苗期杂草有良好效果。

4. 深耕除草

深耕是防除多年生杂草如问荆、苣荬菜、刺儿菜、田旋花、芦苇、小叶樟等杂草的重要手段。通过深翻耕层，可以直接破坏杂草地下繁殖器官。在一熟地区，作物收获后气温尚高，抓紧时机进行深耕，既可翻埋尚未结实成熟的春性杂草，又可诱发土中混杂的杂草种子，除草效果显著。特别是休闲地或生荒地，伏天进行2～3次耕翻，不仅可以改善土壤理化状况，同时反复多次地杀伤杂草的营养器官，并将各次诱发的杂草消灭在开花结实之前，对于防除麦类农田杂草，均有很好的效果。秋冬季对土壤进行深翻，会将底层一些多年生杂草的地下块茎、地下根茎翻到地表，使其风干、冻死，或将其耙出田间。

5. 作物残茬管理

少耕和免耕的必然结果是增加土表的作物残茬，从而影响土表附近水分和温度，进一步影响杂草群落组成。作物残茬为杂草种子发芽和定植提供了不同于传统耕作的环境。残茬还为大而轻的种子提供了存留条件，使这类杂草基数增多，裸地则与此相反，种皮有黏液的种子在裸地易于保留，因而使这类杂草在裸地上数量增多。留茬越高，杂草防除率越低。因此，减少作物残茬量，有利于抑制杂草种子萌发。

6. 作物秸秆覆盖

同一田块在同一年内种植两种以上作物（套作或复种）时，明显影响杂草群落的组成。土地被作物长期覆盖，杂草生长机会少，下茬作物又占据了"生竞"优势。当稻秆覆盖量足以抑制杂草出苗、生长，甚至附着在秸秆上而无法落地发芽时，杂草发生及为害减弱，应用作物覆盖方法是长期治理杂草的可行性办法之一。麦田作物秸秆覆盖范围一般在0～70%，秸秆覆盖率越高，杂草发生率越低。

7. 迟播诱发

利用农作物的生物学特性和杂草的生长特点，有组织、有计划地推迟农作物的播种期，使杂草提前出土，防除杂草后再进行播种的方法。利用这种方法，可直观地防除针对性杂草，收到良好的除草效果。

（五）提高耕作管理水平

在治理麦田杂草时，应提高耕作和管理水平，尽快促进麦苗健壮生长的有利环境的形成，深翻土壤，精细整地，合理轮作，减少病虫侵染，提高麦苗对杂草的竞争力，以苗压草。例如，稻茬麦田表土层的禾本科杂草种子多，可以通过翻耕晒垡，将杂草种子压入底层使之不能萌发生长，对降低稻茬麦田禾本科草害效果十分显著，而且有利于小麦苗全、苗壮、苗匀，提高小麦的竞争力。对一部分腾茬早的田块，可以采取一些措施诱导杂草提前出土，然后通过翻耕灭草或实行化学除草，可以大大压低前期杂草基数。有条件的地方，还可以采用条播麦的种植形式，为以后采取其他除草方式提供条件。施用农家肥时应充分腐熟，以便杀死肥中的杂草种子。在冬春季节适时开沟压泥和中耕除草，或推广稻草和其他作物秸秆还田技术，可以收到盖草等效果。

二、物理防除

物理除草是指用物理性措施或物理性作用力，如机械、人工等，致使杂草个体或器官受伤受抑或致死的杂草防治方法。物理除草对作物、环境等安全、无污染，同时还兼有松土、保墒、培土追肥等有益作用。

（一）人工辅助除草

农田杂草防除最传统的方式就是人工锄草，但在除草剂应用技术日臻成熟的今天，虽然人工锄草已不再是主要的和唯一的杂草防除手段，但人工辅助防除杂草仍是不可或缺的技术措施。麦田难防的恶性杂草的防除、化学除草效果差时田间残存杂草的防除、施药不均匀时田间剩余杂草的防除，均离不开人工辅助除草。

（二）机械除草

机械除草用工少、不污染环境，仍然是我国防除杂草的重要方法。目前机械化除草已由单一的中耕除草发展成为春、秋季深松除草、播前封闭除草、苗间除草、行间中耕除草等一整套农机与农艺紧密结合的系统灭草措施。机械化除草要根据草情、苗情、气候和土壤条件，抓住杂草萌芽、出土和生长脆弱的幼芽阶段，运用强大的机械力量，因壤制宜、连续不断地切断地下根茎或营养繁殖器官，截断营养来源，使其延缓出土或减弱生长势，甚至窒息而死。

（三）利用温度除草

不同种类有害生物均有各自适应的温度范围，可利用自然的不利温度或人为调节温度，使之不利于杂草的生长、发育和繁殖，直至导致死亡，以达到防除目的。如对小麦种子采取温汤浸种或干热处理，可杀死多种种传病原物及害虫。

（四）火焰除草

用放火烧荒的方法清除杂草，可用于撂荒地除草，也可用火焰发射器或蒸汽防除路旁杂草。近代的火焰除草采用火焰发射器，用作选择性或非选择性消灭杂草。通过火焰使杂草细胞原生质凝固，造成其死亡。火焰除草还可用来消灭局部感染的杂草，如菟丝子等。在作物播种前，可在拖拉机上安装火焰喷射器，进行全面除草后再播种作物。火焰防除一年生杂草的效果优于多年生杂草，但往往导致土壤中腐殖质含量下降，以及作物生育期土壤中养分含量下降。因此，火焰除草目前应用并不普遍，作为一种特殊的除草方法，在特殊的条件下采用。

（五）蒸汽除草

在有条件的情况下，可在田边地头用高压蒸汽锅炉提供蒸汽，经输汽管将高压蒸汽导入经覆盖的田中，用高压蒸汽可杀死表土层中的杂草种子及多年生杂草的地下繁殖器官。

（六）电力除草

电力除草是利用杂草在不同生育期对电磁能的不同感应特性，用高频电磁能进行杂草防除。植物对电流的敏感程度取决于植物所含纤维和木质素的多少，高压电流可通过植物组织并引起分子水平上生物化学和结构的变化，极大地损伤杂草，而对农作物则无害。美国Lasco公司曾设计了一种防除作物田阔叶杂草的电力放电系统，其电力约50kW。此放电系统的一端通过犁刀与土壤接触，另一端通过操作器与高于作物的杂草接触，当杂草接触放电系统后，电流通过杂草的茎、叶引起细胞壁灼伤，并在数日内迅速干枯。这种电力装置作业适用于防除矮秆作物田中的反枝苋、藜、苘麻、野向日葵等，但只能杀死高于作物的杂草植株，而不能使全株死亡。据在棉田和甜菜田中的试验，97%～99%的杂草均可被除掉。电流防除杂草操作难、具有一定危险性和价格昂贵等缺点，有待于在麦田做进一步研究。

（七）微波除草

微波除草也是利用电磁能可使一些分子振动而生热，使暴露于高能量密集微波下的生物体受损伤或死亡。据测定波长为12cm的微波辐射，在很短的时间内会穿透并加热，土壤深度可达10～12cm，所用能量为6kW。微波对不同植物的种子发芽率影响不同，而幼苗对微波的反应比种子更敏感些，不同吸水状态反应也有差别，吸胀种子比未吸胀种子敏感些。微波可优先处理堆肥、厩肥、园艺土壤、试验用土壤等。

（八）覆盖除草

利用覆盖、遮光、窒息等原理，如塑料薄膜覆盖、秸秆覆盖种植等方法进行除草。目前覆盖物防除杂草主要是通过覆盖防止光的透入，抑制光合作用，造成杂草幼苗残损并防止其再生和喜光性杂草种子的萌发。所用材料有秸秆、青草与干草、有机肥料、稻草等，覆盖厚度以不透光为宜，防除多年生杂草覆盖厚度比防除一年生杂草厚。采用塑料薄膜覆盖，不仅增温保水，而且借助于膜内高温可发挥除草作用，是一种重要的增产措施。

（九）光化学除草

光化学除草剂遇到阳光能自动产生化学反应，从而高效地把杂草杀死，但不损害农作物。

（十）滚压除草

对早春已发芽出苗的杂草，可采用重量为100～150kg的轻滚筒轴进行交叉滚压消灭杂草幼苗，每隔2～3周滚压1次。

三、生物防除

生物防除是指利用杂草的天敌，如植食性动物、昆虫、病原微生物等天敌及植物异株克生性将杂草种群密度压低到经济允许损失程度以下，在自然状态下，通过生态学途径对杂草种群进行控制。凡是利用生物学方法控制杂草的为害，均属于杂草生物防除的范围。利用生物除草，方法简便，特别是对某些外来恶性杂草的控制效果显著，既可减少除草剂对环境的污染，又有利于自然界的生态平衡，近年来已日益引起各国的重视。

我国生物防治小麦田间杂草研究起步较晚，利用尖翅小卷蛾防治扁秆藨草等已在实践中取得应用效果，今后应加强此种防治措施的发掘利用，尤其是对某些恶性杂草的防治将是一种经济而长效的措施，有着广阔的发展前景。

四、化学防除

化学防除就是利用化学除草剂来防除杂草。在目前农业机械化程度不高的情况下，使用化学除草剂除草，可以节省大量人力，减轻劳动强度，有利于劳动力的调剂。采用化学除草还能解决农业机械作业中使用机械难以清除的农田杂草。所以发展化学除草应作为农业生产中的一项重要措施。

（一）播种前或播种后苗前施药

用25%绿麦隆可湿性粉剂300g/亩，加水30kg均匀喷于土表。也可用20%异丙隆可湿性粉剂250～300g/亩，或用50%乙草胺乳油50mL/亩加10%苯磺隆可湿性粉剂10g/亩，也可用4%野燕枯110g/亩加25%绿麦隆可湿性粉剂110g/亩，加水30kg均匀喷施土表，不能漏喷和重喷。

（二）小麦幼苗期（11月中旬至12月上旬）和小麦返青期（2月下旬至3月上中旬）施药

猪殃殃、播娘蒿、麦家公等混生杂草麦田，苗期可用10%苯磺隆可湿性粉剂20g/亩加40%唑草酮干悬浮剂4g/亩，或用5.8%双氟·唑嘧胺悬浮剂10mL/亩加40%唑草酮干悬浮剂3～4g/亩兑水30kg均匀喷施。小麦返青期可用5.8%双氟·唑嘧胺悬浮剂10mL/亩加10%苄嘧磺隆可湿性粉剂30g/亩，也可用40%唑草酮干悬浮剂3～4g/亩加15%苯磺隆可湿性粉剂20g/亩，兑水30～45kg均匀喷施。

泽漆、猪殃殃、播娘蒿、婆婆纳、米瓦罐等混生杂草麦田，冬前苗期用20%氯氟吡氧乙酸乳油50mL/亩加10%苯磺隆可湿性粉剂20g/亩，兑水30kg均匀喷施。小麦返青期用20%氯氟吡氧乙酸乳油50mL/亩加5.8%双氟·唑嘧胺悬浮剂10mL/亩，兑水30～40kg均匀喷施。

刺儿菜、猪殃殃、播娘蒿、麦家公等混生杂草麦田，冬前苗期用10%苯磺隆可湿性粉剂20g/亩加20%二甲四氯钠盐水剂150～200mL/亩，兑水30kg均匀喷施。小麦返青期用5.8%双氟·唑嘧胺悬浮剂10mL/亩加20%二甲四氯钠盐水剂200～250mL/亩，兑水30～45kg均匀喷施。

野燕麦、毒麦、看麦娘等混生杂草麦田，在小麦苗期或小麦返青期，都可用36%禾草灵乳油150mL/亩加10%苯磺隆可湿性粉剂20g/亩，也可用6.9%精噁唑禾草灵水乳剂60mL/亩加15%噻磺隆可湿性粉剂20g/亩，兑水30～45kg均匀喷施。

稻麦轮作茬麦田杂草的防治，以看麦娘、大潮菜、牛繁缕、猪殃殃等混生杂草麦田为主，小麦苗期或返青期，都可用10%苯磺隆可湿性粉剂20g/亩加6.9%精噁唑禾草灵水乳剂60mL/亩，或用6.9%精噁唑禾草灵水乳剂60mL/亩加5.8%双氟·唑嘧胺悬浮剂10mL/亩，兑水30～45kg均匀喷施。以硬草、播娘蒿、猪殃殃、看麦娘等混生杂草麦田，用50%异丙隆可湿性粉剂100～150mL/亩加5.8%双氟·唑嘧胺悬浮剂10mL/亩，也可用6.9%精噁唑禾草灵水乳剂60mL/亩加5.8%双氟·唑嘧胺悬浮剂10mL/亩，兑水30～45kg均匀喷施。

麦棉套作麦田杂草的防治，以播娘蒿、猪殃殃、泽漆等混生杂草麦田为主，小麦苗期施药，可用20%氯氟吡氧乙酸乳油50mL/亩加5.8%双氟·唑嘧胺悬浮剂10mL/亩，也可用20%氯氟吡氧乙酸乳油50mL/亩加15%噻磺隆可湿性粉剂15g/亩，兑水30kg均匀喷施。

麦花生套作麦田杂草的防治，以播娘蒿、米瓦罐、猪殃殃、泽漆等混生杂草麦田为主，小麦苗期可用5.8%双氟·唑嘧胺悬浮剂10mL/亩加20%氯氟吡氧乙酸乳油50mL/亩，也可用20%氯氟吡氧乙酸乳油50mL/亩加15%噻磺隆可湿性粉剂15g/亩，兑水30kg均匀喷施。

第九章 小麦灾害及防治

第一节 小麦气象灾害

一、冻害

小麦在生长过程中冻害对其影响较大，主要是由春天小麦的生长期和越冬期长期处在低温环境下引起的。冻害的出现有很多种，冬天的低温冻害主要表现为以下几方面。

首先，初冬温度骤降。在小麦越冬前，由于温度突然降低而带来的恶劣影响。在这个阶段，幼苗抵抗冻害的能力比较差，尤其是当种苗质量差、土壤肥力不够等情况发生时，再遇到突然的低温，会直接影响到种苗的存活率。

其次，越冬交替冻融型。这种情况集中出现在每年的12月下旬或者翌年1月，小麦在正常的生长之后就步入越冬期，抵御严寒的能力有了明显提升，但是如果温度突然降低，生长速度受到影响，则抵抗严寒的能力也会受到影响。如果温度下降到-15～-13℃时，会对小麦的生长造成极大的影响。

再次，早春温度突变型。在每年的2月中旬到3月下旬，小麦处在返青到拔节期，这段时间遇到寒流，就会出现冻害。小麦返青之后生长速度加快，抵御寒流的能力明显下降，再加上春季气温不稳定，冻害出现的可能性大大增加。

最后，春末晚霜型。小麦拔节到抽穗一般是在每年的3月下旬到4月中上旬，这段时间是小麦生长的关键时期，低温极有可能会引发冻害，使其抗寒能力明显下降。

二、暴雨侵袭

小麦抽穗阶段正是暴雨频发阶段，很容易出现小麦倒伏的情况。雨量过大很有可能造成地面严重积水，土壤通气性较差，导致根系腐烂。如果暴雨时间较长，很容易毁坏田间道路和麦田，限制了生产工作的顺利开展；在开花阶段遭遇暴雨，会对花粉成熟产生影响，使授粉工作不能顺利进行，影响了小麦的产量；如果小麦在灌浆阶段遭遇暴雨的袭击，会对小麦的粒重以及成熟度产生较为直接的影响，出现倒伏现象；若肥力大，倒伏严重，也会对小麦产量产生影响。

三、干热风

小麦干热风气象灾害一般发生在小麦扬花灌浆时间段，其高温低湿并伴随大风的气象特点，将会对小麦的生长造成影响，通常表现为小麦作物体内水分流失，严重的话可能使得其各种生理功能降低，颗粒呈现较明显的干瘪，产量显著降低。干热风对小麦的影响较小的话，会使得小麦减产5%，最严重的话，可能使得小麦减产30%甚至30%以上。

小麦干热风分为3种，即高温低湿型小麦干热风、雨后热枯型小麦干热风和旱风型小麦干热风。

四、防御气象灾害对小麦不良影响的对策

为了提高防御效果，可以通过预防和补救两种手段，积极应对气象灾害，降低可能带来的损失，从根本上保证小麦的产量。具体可以从以下几方面入手。

（一）重视冬季管理

为了确保小麦的出苗率，需要定期地组织工作人员做好查苗和补苗工作，适当给小麦补充水分，减少板结，确保小麦在过冬之前分大蘖和多分蘖。

（二）做好早春管理

通常情况下，小麦的返青拔节期在2月上旬到3月中旬，在此期间需要实现种苗的分类管理。如果种苗是越冬旺苗和壮苗，需要做好控制工作，可以减水减肥，甚至不用浇水追肥，只需要适当松土即可。小麦拔节后，也就是在3月中旬到4月上旬，这段时间可安排浇水、施肥，主要是为了避免出现小麦退化的情况，增加小麦的数量和重量。如果种苗是越冬弱苗，所有工作需要建立在"早"的基础之上，早浇水、早施肥，确保种苗在短时间能够快速生长，提高其产量。此外，还需要重视预防病虫害，采取积极的应对措施，尽可能地减少农药的使用，采取科学的手段提前预防，从根本

上保证种苗的正常生长。

（三）加强中后期管理

小麦中后期管理也是极为重要的。其一，需要尽早浇灌浆水，该工作要抢在5月之前完成；其二，要对叶面喷肥，不管是孕穗期还是灌浆期，都要及时地给叶面喷洒肥料，控制在1~2次；其三，要对病虫害进行防治，小麦在生长过程中可能会遇到病虫害，工作人员要提前预防，出现问题及时解决。早发现、早治理，将可能出现的损失降到最低；其四，及时收获，小麦成熟之后，要尽早组织农户收割，等到整个农田的小麦成熟后再安排收割是不可取的，一旦出现自然灾害，就会带来极其恶劣的影响。

由此可见，小麦作为我国重要的粮食作物和经济作物，在其生长过程中极易受到自然灾害的影响。为了减少自然灾害的不良影响，需要采取针对性的措施，包括越冬期间开展壮苗工作、对早春管理工作加以重视、减少倒伏情况的出现、重视中后期的管理工作、小麦成熟之后务必在第一时间收割。在小麦生长的各个阶段都需制定相应的措施，将气象灾害的影响降到最低，从根本上保证小麦的产量和质量，进而增加农民的收入。

第二节　小麦药害

小麦药害主要来自除草剂危害。农田杂草遍布，有田必有草。农田杂草适应性强，繁殖力旺盛，既与作物争夺阳光、水分、肥料和空间，还传播病虫害。在目前，我国农业已经实现规模化、机械化、产业化、化学化的生产模式，化学除草剂防除农田杂草，省工、省力、效果好，深受农民欢迎。随着应用除草剂品种的不断增多，面积不断扩大，化学除草的弊端逐渐显现，尤其是化学除草剂所产生的药害问题，已成为不容忽视并亟待解决的技术问题。

小麦田常用除草剂种类主要有唑草酮、异丙隆、苯磺隆、甲基二磺隆、二甲四氯等，部分麦田由于除草剂施药量过大，而导致小麦生长受到抑制，生活力下降，对不利环境条件的抗性降低，加重了部分麦田"冻药害"及抗霜冻、渍涝、抗病虫的抗逆性下降，出现药害与霜冻、渍涝、病虫等交互影响，使小麦长势不匀、不齐，出现死苗、弱苗、矮化等影响小麦产量和品质的情况。

一、常见除草剂药害症状

（一）异丙隆

过量使用会使叶片发黄，并使麦苗抗寒能力迅速降低。麦田施药后如果短期内遇低温霜冻天气，麦苗易受冻，出现"冻药害"现象，受害麦苗叶片枯黄、失水萎蔫，生长受抑制，严重的整株死亡。如果小麦播种过迟，麦苗生长量小，植株抗寒抗冻能力差，施用异丙隆后遇低温会加重"冻药害"发生。

（二）唑草酮

受害麦苗的主要症状是叶片发黄，并出现白色灼伤斑。多数受害麦苗会在药害症状出现一周左右迅速抽生新叶并逐渐恢复生长，对最终产量影响较小，但部分受害严重田块中的弱小苗会出现死苗现象，不同程度影响最终产量。

（三）甲基二磺隆

受害麦苗叶片发黄，生长受抑制，严重的干枯死亡。造成小麦甲基二磺隆药害最常见的原因是施药前后环境条件不良。在霜冻、渍涝、盐害、病虫害等可能造成小麦生活力下降、生长受抑制的不利环境条件下施药，均容易加重甲基二磺隆药害，导致小麦显著减产。在小麦拔节后施药或超量施用，也容易造成药害。

（四）二甲四氯

小麦四叶期以前施用二甲四氯容易出现药害，形成葱管叶；小麦拔节后用药，容易造成后期叶片葱管状卷曲和穗畸形。

（五）精噁唑禾草灵

受害麦苗常出现叶片发黄、生长受抑制等症状，严重时叶片枯死，并影响最终产量。

（六）乙羧氟草醚

乙羧氟草醚用量过大或喷药浓度过大，特别是在低温期施药，容易产生触杀性灼伤斑，致麦叶发黄，影响麦苗生长，可引起弱小麦苗死苗。

（七）苯磺隆

高剂量使用苯磺隆，以及使用劣质苯磺隆，常导致后茬作物发生不同程度的药害。

二、发生原因

（一）用药不当

药剂用量过大造成麦苗受害；配药加水太少导致药害；将某些除草剂与杀虫剂混配施用后出现药害；将除草剂、杀虫剂、杀菌剂、叶面肥等混合喷施，导致混合液浓度过高，出现严重的药害烧苗现象。

任何一种除草剂都有其特点、用法、用量、适用作物、除草范围、注意事项等，若不明确以上几点，则容易在施用过程中产生药害。

（二）环境因素

1. 温度

气温异常常诱发除草剂药害，高温和低温均可使小麦发生除草剂药害，尤其是气温急剧变化时更容易导致药害。寒流前后在麦田中施用绿麦隆，由于作物受到冻害，因而易加剧药害的发生。若小麦缺乏抗寒性锻炼，会使小麦耐药性减弱，也易发生药害。

2. 湿度

除草剂在施用过程中要求大田有一定的湿度，这样有利于药剂向植株体内渗透，但土壤不可过干也不可过湿。土壤过干，药效难以发挥，会出现药害；湿度过大，药效虽可较好发挥，但也易发生药害，所以在多雨多露的天气下施药易导致药害。

3. 土壤条件

沙土地、贫瘠地、有机质含量少的地块由于小麦长势弱、抗逆性差易发生药害，特别是这类田块的土壤对药剂的吸附性差，施用茎叶处理除草剂或杀虫剂、杀菌剂更易出现药害。另外，土壤有机质是影响除草剂活性的重要因素，有机质含量高时不宜使用土壤处理除草剂。同类结构的除草剂，水溶性高的比水溶性低的受有机质的影响小。有积水的田块应避免使用土壤处理的除草剂，土壤积水则易产生药害，有些高低不平的田块使用土壤处理剂后容易产生点片药害。

4. 残效药害

不同品种的除草剂在土壤中的残效期差别大，有的除草剂残效期长，如绿磺隆、西玛津、氟乐灵、氟磺胺草醚等，轮作后茬作物敏感，作物就易受伤害。北方地区夏播玉米使用莠去津，常因用量大或用药不均匀，严重影响后茬小麦的生长。

（三）施用技术

喷雾机械清洗不彻底，压力不足、不稳，喷杆高度不合适，无搅拌装置，喷嘴流量不准确，车速不一致，喷洒不均匀，喷液量和用药量不准确，剩余药液重复喷施等，均易导致小麦药害。

三、防治方法

小麦药害的防治应注重预防，田间施药后的一周内要加强田间检查，一旦发现药害，要立即加强田间管理，中耕除草，增温保墒，积极防除病虫害，以提高小麦抵抗药害的能力，缓解小麦药害。

（一）预防措施

1. 正确选择药剂

在使用农药之前，应仔细阅读使用说明，或向经销商咨询了解所购药剂的使用对象和防治对象、施用方法、施药量、施药时间、注意事项等，选择合适的药剂。如防治猪殃殃可选择唑酮草酯加苯磺隆，或氯氟吡氧乙酸异内酯加苯磺隆复配剂；防治播娘蒿为主的选用二甲四氯；防治野燕麦选用精噁唑禾草灵悬浮剂等。

2. 在适宜的气象条件下喷药

选择气温10℃以上、晴天、无风的天气喷施，即将下雨时不要打药，以免影响药效发挥。不在中午高温时施用，施药时间一般以在8：00—11：00、15：00—19：00为宜。麦田除草在年前或年后用药，这时一般温度高，光照强，利于药效发挥和杂草对除草剂的吸收传导，提高除草效果。另外，禁止在有风天气施药，避免除草剂漂移造成药害。

3. 严格掌握用药量，做好药剂稀释

针对一些高效除草剂，要严格按照农药使用说明书控制其使用量和浓度，不可任意提高施用量或施用浓度，否则，容易使小麦产生药害。施用除草剂最好采用二次稀释法，即先将原药用少量水稀释搅拌均匀，然后再按稀释倍数加足水量。喷药时要均

匀、周到。

4. 严格操作技术

使用质量较好、压力大、喷雾雾滴小的喷雾器。做好药械检修，做好试运转。进行清水模拟试喷，计算喷幅、行走速度和喷雾器每一桶水应喷的面积。喷药器械使用后要彻底清洗干净。在生产中，应将杀菌剂和除草剂分成2个喷雾器进行操作，或将用过除草剂的喷雾器冲洗干净，避免交叉药害的发生。

（二）补救措施

1. 清水喷淋

喷施除草剂后产生药害，发现早的可在喷药后迅速对受害植株喷清水3～5次，尽量将植株表面的药物洗去，减少药液在叶片上的残留。对一些遇碱性物质易分解失效的除草剂，可用0.2%生石灰水或0.2%碳酸钠溶液喷洗小麦，解除药害。

2. 增施肥料

增施磷钾肥，中耕松土，促进根系发育，以增强小麦恢复能力，尤其对受害较轻的幼芽、幼苗效果明显。喷施植物生长调节剂可以促进小麦生长，有利于减轻药害。如将赤霉素、胺鲜酯、芸薹素内酯等药与尿素、磷酸二氢钾等叶面肥混喷，有利于促进受害麦苗尽快恢复生长。

3. 及时查田补种

对受药害严重，造成小麦死苗或不能拔节和抽穗的地块，要及时毁种补种或改种其他作物，将药害损失降到最低。

参考文献

白双桂，吴建红，陈旭雯，2012. 麦秆蝇的形态特征及防治要点[J]. 青海农林科技
（4）：57.

柏华胜，2015. 麦田杂草化学防治技术探讨[J]. 现代农业科技（16）：146-147.

曹涤环，2016. 小麦金针虫的发生与防治[J]. 乡村科技（1）：19.

曹辉辉，2008. 淮北地区麦田杂草发生规律及防治技术研究[D]. 合肥：安徽农业大学.

曹克强，唐铁朝，石文川，等，2000. 河北省小麦主要病害种类及地域分布[J]. 河北农
业大学学报，23（4）：57-61.

曹少杰，2015. 我国大田作物蓟马防治研究进展[J]. 作物研究，29（5）：569-574.

曹亚萍，张明义，宁东贤，等，2005. 冬小麦黄矮病的抗性遗传[J]. 植物保护学报，32
（2）：125-128.

曹瑛，许西梅，杨宇超，等，2016. 西安地区麦田杂草来源及除草现状调查[J]. 陕西农
业科学，62（11）：79-81.

曹远银，韩建东，朱桂清，等，2007. 小麦秆锈菌新小种Ug99及其对我国的影响分
析[J]. 植物保护，33（6）：86-89.

曹远银，姚平，2001. 我国小麦秆锈病越冬初菌源地的发现及验证[J]. 植物保护学报，
28（4）：294-298.

常旭虹，王艳杰，陶志强，等，2019. 小麦立体匀播栽培技术体系[J]. 作物杂志（2）：
168-172.

陈恩会，孙鹏，张建军，等，2011. 江苏省徐州市小麦田杂草发生特点及防控对策[J].
杂草科学，29（2）：63-64.

陈国参，1987. 农作物病虫害的物理防治法[J]. 河南科技（5）：17-18.

陈剑平，陈炯，郑滔，等，2004. 禾谷多黏菌传麦类病毒研究进展[J]. 植物保护，30
（2）：14-18.

陈金宏，邵耕耘，季万宏，等，1999. 硬草发生规律及防除技术初探[J]. 植物医生
（4）：42.

陈炯，程晔，陈剑平，2000. 小麦黄花叶病毒和小麦梭条斑花叶病毒的生物学和分子生物学研究[J]. 中国病毒学，15（2）：97-105.

陈巨莲，郭予元，倪汉祥，等. 1994. 麦无网长管蚜田间种群动态的研究[J]. 植物保护学报（1）：7-13.

陈企村，朱有勇，李振岐，等，2009. 不同品种混种对小麦产量及条锈病的影响[J]. 中国生态农业学报，17（1）：29-33.

陈杨林，陈万权，谢水仙，等. 1992. 粉锈宁药效与小麦品种对条锈菌感病性关系的研究[J]. 植物保护学报，19（1）：75-80.

陈振鸿，2012. 小麦仓储害虫抗性QTL定位及玉米象消化道基因表达分析[D]. 雅安：四川农业大学.

崔建新，蔡青年，郜庆炉，等，2012. 不同灌水处理对麦田麦长管蚜种群动态的影响[J]. 河南科技学院学报（自然科学版），40（3）：35-38.

邸垫平，张永亮，张爱红，等，2016. 灰飞虱传播的一种小麦病毒病鉴定[J]. 植物病理学报，46（4）：453-460.

董家兴，2012. 小麦两种新见害虫的发生与防治[J]. 农业知识（25）：50-51.

杜永华，2004. 玉米耕葵粉蚧与蚂蚁的共生关系调查[J]. 河北农业（5）：34-35.

段灿星，朱振东，王晓鸣，等，2003. 小麦抗麦双尾蚜研究进展[J]. 植物保护（2）：11-14.

段连波，2019. 气象灾害对小麦产量的影响及防御对策[J]. 种子科技，37（3）：11，13.

段霞瑜，2006. 小麦白粉病研究进展. 创新科技与绿色植保[M]. 北京：中国农业科学技术出版社.

段霞瑜，周益林，2009. 小麦白粉病近年来的若干研究进展,粮食安全与植保科技创新[M]. 北京：中国农业科学技术出版社.

范绍强，谢咸升，郑王义，等，2008. 小麦抗黄矮病遗传育种研究进展[J]. 中国生态农业学报，16（1）：241-244.

范书杰，2019. 山东小麦高产栽培技术要点[J]. 农业工程技术，39（2）：63-64.

高凤菊，2018. 食用豆病虫草害综合防治技术[M]. 北京：中国农业科学技术出版社.

高学利，2019. 河北省麦田杂草防治技术[J]. 现代农村科技（8）：23.

巩军舰，于冬慧，2008. 玉米耕葵粉蚧的发生与防治[J]. 山西农业（致富科技）（2）：46.

顾莉丽，郭庆海，2011. 中国粮食主产区的演变与发展研究[J]. 农业经济问题（8）：4-9，110.

顾松华，2001. 大小麦田硬草的发生规律及防除技术[J]. 中国农垦（3）：25.

顾卫中，梁文斌，刘春祥，等，2006. 灰飞虱传小麦病毒病发生原因及农业控病措施[J]. 上海农业科技（6）：132.

顾曰虎，吴万胜，颜立新，2016. 优质专用小麦品质调优高产栽培技术[J]. 现代农业科技（23）：31，34.

郭婷婷，门兴元，于毅，等，2017. 山东麦田发生新害虫——瓦矛夜蛾[J]. 山东农业科学，49（6）：115-118.

郭文善，朱新开，2018. 弱筋小麦逆境绿色防控技术[J]. 农家致富（22）：26-27.

国家小麦产业技术体系研发中心，2008. 小麦秋冬种技术方案全国小麦十大主推技术[J]. 山西农业（致富科技）（12）：14-15.

韩顺涛，叶紫，方晓翠，等，2019. 塔城盆地小麦麦茎蜂发生规律及防治策略[J]. 农村科技（2）：31-33.

韩一军，2010. 我国小麦产业发展现状分析及未来展望[J]. 农业展望，6（11）：25-28.

何贝，2007. 小麦霜霉病的发生及防治[J]. 农村实用技术（11）：29.

何锦豪，孙裕建，1993. 菵草的生物学特性、发生规律及其化学防除试验[J]. 浙江农业科学（6）：267-269.

何明明，高增贵，孙树梅，等，2001. 小麦秆锈病所致产量损失的研究[J]. 辽宁农业科学（2）：25-28.

何中虎，林作楫，王龙俊，等，2002. 中国小麦品质区划的研究[J]. 中国农业科学，35（4）：359-364.

何中虎，夏先春，陈万权，2008. 小麦对秆锈菌新小种Ug99的抗性研究进展[J]. 麦类作物学报，28（1）：170-173.

何中虎，1998. 我国小麦磨粉特性和面包烘烤品质研究[C]//全国作物育种学术讨论会文集. 北京：中国农业科学技术出版社：157-162.

贺春娟，2007. 万荣县麦秆蝇的发生与防治[J]. 现代农业科技（14）：83.

侯庆树，韩红，周益军，等，1987. 江苏省一种小麦土传病毒病的研究——Ⅰ 发病规律与病原鉴定[J]. 江苏农业学报，1（3）：25-28.

胡德芳，2019. 麦田草害综合控制技术[J]. 现代农村科技（12）：38.

化占勇，周君，方利民，等，2011. 复配制剂50%敌·仲EC对小麦灰飞虱的防效试验[J]. 上海农业科技（3）：131-132.

黄庆银，吴文广，毕惠林，2019. 小麦高产栽培技术及田间管理措施[J]. 农民致富之友（4）：34.

贾海丽，韩蓉，任红丽，2016. 绿色小麦种植技术及其田间管理的推广策略[J]. 农业与技术，36（22）：4.

贾廷祥，吴桂本，刘传德，1995. 我国小麦根腐性病害研究现状及防治对策[J]. 中国农业科学，28（3）：41-48.

姜京宇，许佑辉，周霄，等，2013. 瓦矛夜蛾危害及防治研究[J]. 农业灾害研究，3（8）：1-2，52.

姜玉英，曾娟，周益林，等，2008. 小麦病虫草害发生与监控[M]. 北京：中国农业出版社.

姜玉英，陈万权，赵中华，等，2007. 新型小麦秆锈病菌Ug99对我国小麦生产的威胁和应对措施[J]. 中国植保导刊，27（8）：14-16.

姜玉英，刘万才，黄冲，等，2019. 2019全国农作物重大病虫害发生趋势预报[J]. 中国植保导刊，39（2）：36-39.

靳立伟，2018. 麦田草害及综合防治技术[J]. 河南农业（4）：37-38.

靳帅霞，蒋选利，熊冬梅，等，2018. 小麦抗白粉病研究概况[J]. 种子科技（10）：84-85.

李春峰，翟国英，王睿文，等，2003. 河北省小麦田杂草防治技术进展[J]. 杂草科学（4）：7，21.

李冬梅，曹克强，王爱英，等，2001. 河北省小麦根病发生现状及致病病原种类调查[J]. 河北农业大学学报，24（3）：38-42.

李国钰，1997. 绿翅短鞘萤叶甲的发生危害及防治初步研究[J]. 植物医生（5）：33-34.

李红娟，2015. 小麦中后期的管理技术[J]. 河南农业（5）：41.

李洪奎，宫瑞杰，曹虎春，等，2019. 小麦茎基腐病的发生与防治[J]. 植物医生，32（5）：45-46.

李慧，2017. 小麦中隐蔽性害虫米象的几种不同方法研究[D]. 南京：南京财经大学.

李晶，2017. 小麦冻害的诱因及防治[J]. 农业开发与装备（5）：153.

李可凡，袁方，2003. 小麦根腐病的发生规律及防治技术[J]. 河北农业科学，5（26）：58-59.

李克昌，1982. 小麦赤霉病及其防治[J]. 上海：上海科学技术出版社.

李坤儒，刘述英，阴挺民. 1996. 绿翅脊萤叶甲的生物学特性及防治[J]. 昆虫知识（3）：135-136.

李连荣，张玉霞，2009. 济宁市麦田杂草的发生与化学防治[J]. 现代农业科技（12）：123-124.

李明辉，周玉玺，周林，等，2015. 中国小麦生产区域优势度演变及驱动因素分析[J]. 中国农业资源与区划，36（5）：7-15.

李乾坤，王生荣，1991. 甘肃省春小麦根病病原初步研究[J]. 甘肃农业大学学报，26（3）：295-301.

李瑞德，2018. 小麦虫害防治技术[J]. 河北农业（1）：36-37.

李文刚，张传坤，张青，等，2012. 山东省优质专用小麦产业带建设发展对策[J]. 山东农业科学，44（2）：131-135.

李先念，王立钟，张弘，等，2004. 4种Strobilurin类杀菌剂防治小麦白粉病的活性研究[J]. 农药，43（8）：370-372.

李亚萍，2018. 吡虫啉对麦无网长管蚜生物学特性的影响[D]. 北京：中国农业科学院.

李亚萍，李祥瑞，张云慧，等，2019. 吡虫啉悬浮种衣剂对麦无网长管蚜实验种群的影响[J]. 植物保护，45（1）：25-29，36.

李艳茹，石吉芳，2014. 小麦地下害虫的综合防治技术[J]. 农家参谋（种业大观）（1）：48.

李元良，1988. 土传小麦花叶病的研究报告[J]. 莱阳农学院学报，5（3）：33-39.

李长松，李明丽，齐军山，等，2013. 中国小麦病害及其防治[M]. 上海：上海科学技术出版社.

李振岐，曾士迈，2002. 中国小麦锈病[M]. 北京：中国农业出版社.

李振岐，商鸿生，1989. 小麦锈病及其防治[M]. 上海：上海科学技术出版社.

李志力，王浩，石明旺，2016. 小麦根腐病防治研究进展[J]. 河南科技学院学报（自然科学版），44（3）：26-29.

李祖任，李定华，徐中山，等，2017. 不同配方生物控草有机肥的田间除草效果评价[J]. 湖南农业科学（12）：91-95.

林作楫，揭声慧，雷振生，等，2011. 近60年黄淮麦区冬小麦育种规律演变研究[J]. 现代农业科技（2）：103-108.

刘进吉，2018. 高粮堆浅圆仓储存小麦的粮温、害虫及水分变化研究[D]. 郑州：河南工业大学.

刘四奎，2011. 蛀食害虫侵害小麦损伤分型及品质评价[D]. 郑州：河南工业大学.

刘松杰，邬少超，舒箐，等，2019. 不同除草剂的麦田除草药效试验[J]. 湖北植保（6）：19-23.

刘妍，2017. 小麦虫害麦茎蜂发生规律及其防治方法探析[J]. 农业灾害研究，7（22）：22-23，25.

刘志勇，王道文，张爱民，等，2018. 小麦育种行业创新现状与发展趋势[J]. 植物遗传资源学报，19（3）：430-434.

刘中兴，张建平，1998. 小麦全蚀病农业防治效果调查[J]. 内蒙古农业科技（1）：19-20.

刘忠德，2004. 泰安市麦田杂草群落构成及化学防除技术研究[D]. 泰安：山东农业大学.

罗瑞梧，杨崇良，1982. 山东小麦土传花叶病的研究[J]. 山东农业科学，2（2）：6-12.

马桂珍，杨文兰，秦素平，等，2000. 冀东地区冬小麦根腐病初侵染来源研究[J]. 河北职业技术师范学院学报，14（2）：13-16

马少康，李克民，杨久臣，等. 2016. 科研试验地小麦金针虫的防治[J]. 北京农业（6）：37-38.

马彧廷，2016. 基于碰撞声信号处理的小麦虫害粒检测与识别[D]. 西安：陕西师范大学.

马钟玉，段晓红，2010. 小麦田杂草发生与防治[J]. 种业导刊（9）：45.

买合木提·毛拉买提，2016. 冬小麦拔节孕穗期主要管理技术[J]. 农业技术与装备（5）：45.

牛秀芹，马会利，2015. 河北省小麦病虫草害发生特点及综合治理对策[J]. 现代农业科技（5）：147-148.

彭敏，2016. 绿色小麦高产栽培技术[J]. 安徽农业科学，44（6）：66-67，203.

彭芹，2012. 山东小麦品种更替过程中遗传多样性和光合特性演变的研究[D]. 泰安：山东农业大学.

彭学岗，2012. 我国小麦田杂草对除草剂的抗性现状及防治策略[J]. 湖北植保（6）：54-55.

乔体尚，宁焕庚，1990. 山西省西北麦蜷发生规律及综合防治研究[J]. 植物保护（6）：31-32.

任雅琴，徐兴林，吕金仓，2011. 黄淮麦区小麦育种方向和策略探讨[J]. 陕西农业科学，57（5）：118-120.

任耀全，阮庆友，强玉芬，等，1992. 鲁西南麦田麦瓶草的发生与防除研究[J]. 山东农业科学（1）：38-39.

茹振钢，冯素伟，李淦，2015. 黄淮麦区小麦品种的高产潜力与实现途径[J]. 中国农业科学，4（17）：3388-3393.

阮彦东，2018. 小麦冬前苗情及田间管理技术[J]. 农民致富之友（2）：56.

阮义理，林美琛，陈剑平，1990. 小麦品种资源对小麦梭条斑花叶病的抗性[J]. 植物保护学报，17（2）：101-104.

申洪利，2001. 麦秆蝇的发生及防治[J]. 中国农技推广（1）：43.

史红强，王小姣，2010. 十四点负泥虫生物学特性及防治研究现状[J]. 吉林农业（5）：35，104.

苏增朝，柴彦，2010. 麦茎谷蛾的发生及防治[J]. 现代农村科技（12）：20.

田艺心，曹鹏鹏，高凤菊，等，2019. 减氮施肥对间作玉米—大豆生长性状及经济效益的影响[J]. 山东农业科学，51（11）：109-113.

佟智慧，2017. 黄前水库流域小麦蚜虫生态调控技术研究[D]. 泰安：山东农业大学.

汪可宁，谢水仙，刘孝昆，等，1988. 我国小麦条锈病防治研究的进展[J]. 中国农业科学，21（2）：1-8.

汪晓红，潘晓皖，2005. 30%醚菌酯SC防治小麦叶锈病、白粉病田间药效试验[J]. 农药，44（7）：334-335.

汪颖，2011. 我国小麦抗旱性研究进展[J]. 园艺与种苗（2）：95-97.

王阿习，王培卿，王志强，2014. 小麦地下害虫的综合防治技术[J]. 农家参谋（种业大观）（4）：40.

王彩萍，许艳霞，左联忠，等，2003. 汾阳市麦秆蝇发生原因及防治对策[J]. 山西农业科学（4）：75-77.

王浩，李增嘉，马艳明，等，2005. 优质专用小麦品质区划现状及研究进展[J]. 麦类作物学报（3）：112-114.

王惠，2019. 异沙叶蝉参与小麦矮缩病毒传播的蛋白质和肠道微生物组分析[D]. 北京：中国农业科学院.

王江春，于波，王荣，等，2007. 山东省小麦品种演变及产量性状的遗传分析[J]. 山东农业科学（2）：5-9.

王静，2014. 麦田杂草的综合防治[J]. 河南农业（23）：33.

王立新，王东，1991. 麦类煤污病的消长规律及防治措施研究[J]. 山东农业大学学报，22（4）：391-396.

王连霞，2007. 麦蛾［Sitotroga cerealella（Olivier）］生物学特性及人工饲养技术[J]. 黑龙江农业科学（4）：53-55.

王素萍，2020. 武陟县东亚飞蝗蝗区勘查报告[J]. 河南农业（7）：42.

王亚红，2004. 陕西关中灌区麦田杂草发生现状及防除技术研究[D]. 杨凌：西北农林科技大学.

王子文，2015. 小麦病虫害防治技术存在的问题及改进对策[J]. 河北农业（5）：26-28.

王子文，2015. 邯郸县玉米耕葵粉蚧的发生为害特点及防治技术[J]. 河北农业（8）：22-24.

魏云浩，2019. 小麦灾害及其防治措施[J]. 农村实用技术（5）：57.

吴昊文，2015. 北方地区优质高产小麦栽培技术[J]. 福建农业（2）：64.

吴天琪，郭洪海，张希军，等，2002. 山东省优质专用小麦种植区划研究[J]. 中国农业资源与区划（5）：4-8.

吴宪，2015. 棒头草（Polypogon fugax）种子生物学、生态适应性及化学防除技术研究[D]. 南京：南京农业大学.

仵均祥，同彦成，1999. 麦蛾危害损失及其与小麦穗部特征的关系（英文）[J]. 西北农业学报（1）：43-48.

夏更勇，2015. 小麦锈病的发生规律及防治措施[J]. 山东农药信息（2）：45

肖玉辉，周艳，张海霞，2015. 浅论小麦春季生长阶段病虫害发生为害特点及防治措施[J]. 基层农技推广，3（1）：133-135

邢彩云，沙广乐，吴营昌，等，2004. 郑州市麦黑斑潜叶蝇的发生与防治[J]. 河南农业科学（7）：90.

邢艳华，衣宝和., 2013. 合理密植对小麦增产作用探析[J]. 吉林农业（9）：44.

徐彩霞，2018. 小麦高产栽培及病虫害防治技术[J]. 河南农业（16）：40.

徐如强，孙其信，张树榛，1998.小麦耐热性研究现状与展望（综述）[J].中国农业大学学报（3）：33-40.

徐威，2012.小麦中玉米象发生与危害临界值研究[D].郑州：河南工业大学.

薛坤宝，1994.食草动物能为作物除草[J].新疆农业科技（3）：44.

薛明，路奎远，刘玉升，等.1995.禾本科作物新害虫耕葵粉蚧的研究[J].山东农业大学学报（4）：459-464.

杨厚勇，李金榜，徐青，等，2012.小麦锈病的发生规律与防治措施[J].农业科技通讯（12）：143-144.

杨蕾，2015.小麦田杂草及其防治[J].中国农业信息（14）：93-94，132.

杨柳，2020.虞城县小麦蚜虫发生现状、原因及综防措施[J].河南农业（10）：44-45.

杨艳红，2018.黄淮麦区主推小麦品种遗传多样性研究及粗山羊草在小麦改良中的应用[D].泰安：山东农业大学.

于丹，邱光，2016-04-30.繁缕和牛繁缕适生于温湿环境[N].江苏农业科技报，（003）.

于静，2016.2016年泰安市春季麦田管理建议[J].现代农业科技（7）：55.

于振文，田奇卓，潘庆民，等，2002.黄淮麦区冬小麦超高产栽培的理论与实践[J].作物学报（9）：577-585.

虞国跃，2018.十四点负泥虫*Crioceris quaturordecimpunctata*（Scopoli，1763）[J].植物保护，44（1）：44.

张冰，张帅，安慧文，2019.小麦干热风气象灾害研究综述[J].粮食科技与经济，44（8）：79-80.

张春丽，2012.小麦田间杂草及防治[J].河南农业（1）：24.

张浩，张凌云，王济，等，2019.3种禾本科植物耐铅性及富集特征比较[J].贵州师范大学学报（自然科学版），37（6）：29-33，46.

张瑾，2019.小麦种植及病虫害防治技术分析[J].农业与技术，39（4）：71.

张蓝月，2016.小麦储藏期间指标、气味成分及谷蠹培养气味成分变化的研究[D].南京：南京财经大学.

张璐，2018.晋城市城区小麦病虫害发生调查及防治研究[D].太谷：山西农业大学.

张明娟，2014.2014-11-27.小麦金针虫防治分析[N].河北科技报，（B04）.

张平治，徐继萍，范荣喜，等，2009.安徽省小麦品种演变分析[J].中国农学通报，25（23）：195-199.

张升龙，2012.冬麦田蛴螬类为害损失及防治指标研究[J].甘肃农业（5）：96.

张武军，张辉，向清如，等，1999.四川小麦病虫杂草的发生及化学防治[J].西南农业大学学报（1）：24-26.

张小龙，2013.麦田杂草发生现状及治理对策[J].农药科学与管理，34（1）：61-63.

张新月，汤建顺，周力兵，等，1989. 谷斑皮蠹在云南适生性初步研究[J]. 粮食储藏（4）：29-32.

张玉慧，康爱国，王平，等，2014. 冀西北春麦田杂草群落分布及防控对策[J]. 中国植保导刊，34（8）：32-34.

张玉荣，暴洁，周显青，等，2016. 谷蠹不同虫态蛀蚀对小麦成分及食用品质的影响[J]. 农业工程学报，32（16）：307-314.

赵存鹏，王凯辉，郭宝生，等，2016. 华北地区冬小麦杂草秋治技术[J]. 现代农村科技（20）：25.

赵广才，2014. 冬小麦生长中后期管理技术[J]. 农民科技培训（4）：40-42.

赵广才，2018. 小麦立体匀播技术[J]. 农村新技术（10）：11-13.

赵广才，常旭虹，王德梅，等，2013. 冬小麦早春管理技术要点[J]. 作物杂志（1）：106-107.

赵广才，常旭虹，王德梅，等，2013. 中国小麦生产管理技术发展战略探讨[J]. 作物杂志（4）：4-5.

赵广才，朱新开，王法宏，等，2015 黄淮冬麦区水地小麦高产高效技术模式[J]. 作物杂志（1）：163-164.

赵会芳，2013. 麦田恶性杂草发生及综合防治技术[J]. 河北农业（10）：37-38.

赵俊晔，于振文，2005. 我国小麦生产现状与发展小麦生产能力的思考[J]. 农业现代化研究，26（5）：344-348.

赵云娟，李霞，张晓鹏，等，2015. 临汾市麦根蝽象的发生与防治[J]. 农业技术与装备（11）：63-64，66.

周济铭，2019. 陕西关中灌区麦田节节麦发生现状与防除技术[J]. 陕西农业科学，65（3）：98-100.

周洋，佘小漫，金宝红，等，2019. 海南省东方市东亚飞蝗发生情况及综合防治措施[J]. 热带农业科学，39（9）：46-50.

周益民，江永泉，吉林，等，1993. 菵草的发生规律和控制技术[J]. 杂草科学（3）：38-39.

朱凤荣，陈婉秋，2019. 麦田杂草群落研究及防控对策[J]. 安徽农学通报，25（6）：48-50，88.

庄巧生，2003. 中国小麦品种改良及系谱分析[M]. 北京：中国农业出版社：109-122.

SHAKTAWAT M S，顾千若，1986. 农业栽培措施防治小麦杂草[J]. 麦类作物学报（6）：41.